떨림과
울림

떨림과
울림

김상욱 지음

물리학자 김상욱이 바라본
우주와 세계 그리고 우리

동아시아

　우주는 떨림이다. 정지한 것들은 모두 떨고 있다. 수천 년 동
안 한자리에 말없이 서 있는 이집트의 피라미드는 떨고 있다. 그
떨림이 너무 미약하여 인간의 눈에 보이지 않을 뿐 현미경으로 들
여다보면 그 미세한 떨림을 볼 수 있다. 소리는 떨림이다. 우리가
말하는 동안 공기가 떤다. 눈에 보이지는 않지만 공기의 미세한 떨
림이 나의 말을 상대의 귀까지 전달해준다. 빛은 떨림이다. 빛은
전기장과 자기장이 시공간상에서 진동하는 것이다. 사람의 눈은
가시광선밖에 볼 수 없지만 우리 주위는 우리가 볼 수 없는 빛으로
가득하다. 우리는 전자기장의 떨림으로 둘러싸여 있다. 세상은 볼
수 없는 떨림으로 가득하다.

볼 수 있는 떨림, 느낄 수 있는 떨림도 있다. 집 앞의 은행나무는 영국왕실의 근위병같이 미동도 않고 서 있는 것 같지만, 상쾌한 산들바람이 어루만지며 지나갈 때 나뭇잎의 떨림으로 조용히 반응한다. 사랑고백을 하는 사람의 눈동자는 미세하게 떨린다. 그 고백을 듣는 사람의 심장도 평소보다 빨리 떤다. 우주의 숨겨진 비밀을 이해했을 때, 과학자는 전율을 느낀다. 전율은 두려움에 몸을 떠는 것이지만 감격에 겨울 때에도 몸이 떨린다. 예술은 우리를 떨게 만든다. 음악은 그 자체로 떨림의 예술이지만 그것을 느끼는 나의 몸과 마음도 함께 떤다.

인간은 울림이다. 우리는 주변에 존재하는 수많은 떨림에 울림으로 반응한다. 세상을 떠난 친구의 사진은 마음을 울리고, 영화 〈레미제라블〉의 '민중의 노래'는 심장을 울리고, 멋진 상대는 머릿속의 사이렌을 울린다. 우리는 다른 이의 떨림에 울림으로 답하는 사람이 되고자 한다. 나의 울림이 또 다른 떨림이 되어 새로운 울림으로 보답받기를 바란다. 이렇게 인간은 울림이고 떨림이다.

떨림과 울림은 이 책에서 진동의 물리를 설명할 때 등장한다. 진동은 우주에 존재하는 가장 근본적인 물리현상이다. 공학적으로도 많은 중요한 응용을 갖는다. 따지고 보면 전자공학의 절반 이상은 진동과 관련된다. 이공계대학에서 배우는 수학의 대부분이 진동을 이해하기 위한 것이라 해도 지나치지 않다. 진동은 떨림이다.

비슷한 말이지만 그 느낌은 다르다. 진동은 차갑지만, 떨림은 설렌다. 진동은 기계적이지만 떨림은 인간적이다.

나는 이 책에서 물리학의 가장 기본이 되는 개념들을 소개하려고 한다. 내가 보는 물리의 모습을 사람들에게 말해주려고 한다. 사실 물리는 차갑다. 물리는 지구가 돈다는 발견에서 시작되었다. 이보다 경험에 어긋나는 사실은 없다. 아무리 생각해봐도 지구는 돌지 않는 것처럼 느껴지기 때문이다. 우주의 본질을 보려면 인간의 모든 상식과 편견을 버려야 한다. 그래서 물리는 처음부터 인간을 배제한다.

이 책은 물리학이 인간적으로 보이길 바라는 마음으로 썼다. 인문학의 느낌으로 물리를 이야기해보려고 했다. 나는 물리학자다. 아무리 이런 노력을 했어도 한계는 뚜렷하다. 그래도 진심은 전해지리라 믿는다. 내가 물리학을 공부하며 느꼈던 설렘이 다른 이들에게 떨림으로 전해지길 바란다. 울림은 독자의 몫이다.

이 책은 《경향신문》에 연재한 '김상욱의 물리공부'를 기초로 하고 있다. 다른 매체에 쓴 여러 글을 모아 녹여서 완전히 새로운 결과물이 탄생했다. 나의 글들이 새 생명을 얻은 것은 순전히 조유나 편집자의 공이다. 고향같이 편안한 동아시아 출판사에서 책을 내게 되어 든든한 느낌이다. 한성봉 사장님께도 감사의 마음을 전한다. 나의 떨림을 가장 먼저 울림으로 받아주는 가족에게 이 책을 바친다.

차례

1부

분주한 존재들

138억 년 전 그날 이후, 우리는 우리가 되었다

138억 년 전, 처음으로 반짝이던

어둠으로 충만한 우주에

빛이라는 존재가 있다

계약직 연구원으로 독일에 도착한 첫날, 숙소가 어둡다는 것을 깨달았다. 천장에는 형광등이 아니라 전구가 달려 있었는데 그나마도 밝은 흰색이 아니라 다소 옅은 노란색이었다. 우리 집만 그런가 하여 창문 너머 다른 집들을 둘러보니, 자정 가까운 시간이었다고 해도 불을 밝힌 집이 거의 없었다. 빛이라고 해봐야 촛불 정도의 가녀린 깜박임만 새어 나오고 있었다. 빛을 밝힌 것이 아니라 어둠을 밝힌 것이 아닌가 하는 생각마저 들었다.

독일생활에 적응해감에 따라, 어둠을 대하는 나의 태도도 조금씩 변해갔다. 식사할 때는 천장에 달린 등만 켜고, 책상에서 일할 때는 스탠드만 켜고, 침대에 앉아 책을 볼 때는 작은 침대 등만 켜게 되었다. 그렇게 어둠이 빛의 영역을 잠식해갔다. 독일인에게는 이 정도가 빛과 어둠의 적절한 비율이겠지만, 어둠을 박멸하려는 듯 불을 밝히는 나라에서 온 나는 시나브로 늘어나는 어둠에 서서히 압도당하고 있었다. 하지만 어둠이 늘어나자 전에는 보지 못했던 새로운 것들이 보이기 시작했다.

어둠에도 색이 있다. 빛이 거의 도달하지 않는 맞은편 벽의 어둠은 태곳적 신비를 간직한 동굴의 색과 같고, 침대 밑의 어둠은 부족한 빛마저 모두 빼앗겨 블랙홀이나 가질 법한 검은색을 띠며, 내 몸 가까이 착 들러붙은 어둠 아닌 어둠은 몸의 일부가 된 듯 내 자신의 색과 구분이 되지 않는다. 밝은 빛 아래서 빛을 실체로 느낀 적 없으나, 어둠이 충만한 곳에서 어둠은 무거운 실체가 된다.

우주는 어둠으로 충만하다. 빛은 우주가 탄생한 후 38만 년이 지나서야 처음 그 존재를 드러냈다. 빅뱅이 있은 직후, 초기 우주는 너무 뜨거워서 우리가 오늘날 물질이라고 부를 수 있을 만한 것은 존재할 수 없었다. 우주가 팽창함에 따라 온도가 낮아졌고, 물이 얼음이 되듯 '물질'이 등장하기 시작했다. 빅뱅 이후 38만 년쯤 지났을 때 수소, 헬륨과 같은 원자들이 생겨났고, 이때부터 빛도

우주는 어둠으로 충만하다.

존재할 수 있게 되었다. 이 이전에는 빛과 물질이 한데 뒤엉킨 어떤 '것'이 있을 뿐 빛은 홀로 존재할 수 없었다. 이때 탄생한 빛은 지금까지 우리 주위를 떠돌고 있다. 이 빛을 우주배경복사라 하며, 그 발견에 노벨물리학상이 주어지기도 했다. 우주는 38만 살 되던 해, 자신의 모습을 빛에 남겨 놓은 것이다.

빛이 탄생한 건 138억 년 전이다. 하지만 우리는 불과 150년 전 빛이 무엇인지 알게 되었다. 우리는 대부분의 정보를 빛을 통해 얻는다. 천문학에서 우주에 대해 얻는 정보는 대부분 빛을 통해서다. 과학은 빛에 빚졌다고 할 수 있다. 물리학도 예외는 아니다. 물리의 실험데이터는 대개 빛으로 얻는다. 빛을 모르고 할 수 있는 일은 없다. 인간의 오감 중 가장 중요한 감각은 시각이 아닐까. 뇌의 60% 가까이가 시각 처리에 쓰일 정도다. 인간이 눈을 가지고 있지 않았다면 지금과는 상당히 다른 모습으로 물리학을 발전시켰을 것이다. 그런 조건에서도 물리학이 존재하는 게 가능하다면 말이다.

본다는 것

우리가 빛을 통해 사물을 볼 수 있다면, 빛을 이용해 보이지 않게도 할 수 있을까? 2006년 존 펜드리 박사는 빛의 원리를 이용해 투명망토를 구현하고자 했다. 어떤 원리에 착안한 것일까?

빛은 직진한다. 물체를 떠난 빛은 일직선으로 진행하여 눈에 도달한다. 뇌에서는 빛이 일직선으로 진행해 왔다는 가정하에 물체의 모습을 재구성한다. 이 때문에 수많은 착시가 일어난다. 예를 들어 돋보기로 보면 물체가 커 보인다. 돋보기의 유리 표면에서 빛의 방향이 바뀌었지만, 눈은 빛이 꺾이지 않고 직진해 왔다고 생각한다. 결국 물체가 존재하지도 않는 곳에서 빛이 출발했다고 착각하는 것이다. 그 결과, 물체가 커 보이게 된다. 돋보기의 유리 표면에서 빛이 꺾이는 현상을 '굴절'이라고 한다. 존 펜드리 박사는 빛의 굴절 현상에 주목했다.

아이가 방을 어질렀어도 아이가 한 행동을 거꾸로 되짚어가며 정리하면 결국 방에는 아무 변화가 없는 것처럼 보일 것이다. 굴절을 잘 디자인하면 빛이 물체를 지나면서 생긴 변화를 상쇄시킬 수도 있다. 그러면 결과적으로 빛이 아무 변화 없이 물체를 지나간 셈이 된다. 빛이 물체를 만나지 않은 것처럼 지나갔기 때문에 마치 물체가 없는 것처럼 보인다.

존 펜드리 박사가 구현한 투명망토는 성공했을까? 안타깝지만 존 펜드리 박사의 투명망토는 마이크로파에서만 작동한다. 빛은 주파수에 따라 마이크로파, 전파, 적외선, 가시광선, 자외선,

엑스선, 감마선 등 여러 종류로 나뉜다. 우리는 이 가운데 가시광선만 볼 수 있다. 빛의 굴절을 이용해 구현이 가능하더라도, 가시광선에서는 작동하지 않기 때문에 이 투명망토를 써봐야 인간의 눈에는 잘 보인다는 의미다. 본다는 것은 생각보다 자명하지 않다. 세상에는 우리에게 보이는 빛보다 보이지 않는 빛이 더 많다.

뉴턴은 운동법칙을 만든 것으로 유명하지만, 빛을 제대로 연구한 서양의 첫 과학자이기도 하다. 진동수가 다른 빛은 굴절하는 정도가 다르다. 이것을 '분산'이라고 한다. 예를 들어, 유리 표면에서 빨강색 빛은 조금 꺾이고 보라색 빛은 많이 꺾인다. 그래서 빛이 (유리로 만든) 프리즘을 지날 때 색깔별로 분리된다. 뉴턴은 프리즘을 가지고 흥미로운 실험을 했다. 빛이 프리즘을 통과하면 무지갯빛으로 분리된다. 분리되어 나온 빨간빛만 다시 프리즘에 통과시키면 더 이상의 분리는 일어나지 않는다. 이제 뉴턴은 분리된 무지갯빛 전부를 렌즈로 모아서 프리즘에 반대로 다시 보내보았다. 그러자 흰빛으로 되돌아왔다. 즉, 흰빛은 여러 색의 빛이 모인 것이다. 빛은 그 자신이 이미 모든 색을 가지고 있다. 물체가 색을 갖는 이유는 특정한 색의 빛만 반사시켰기 때문이다.

1800년 윌리엄 허셜은 역시 프리즘을 이용하여 재미있는 발견을 한다. 빛을 쬐면 따뜻하다. 빛이 열을 가진다는 의미다. 그렇다면 빛의 색깔에 따라 열의 크기가 다를까? 허셜은 프리즘을 통과하여 분리된 빛에 온도계를 늘어놓고 색에 따른 온도변화를 측정했다. 놀랍게도 빨강색의 바깥쪽, 즉 빛이 보이지 않는 곳에 둔 온도계의 온도가 가장 많이 올라갔다. 그곳에 손을 대보니 따뜻했다! 눈에 보이지는 않지만 열을 전달하는 무언가가 존재했던 것이다. 그가 발견한 것은 우리 눈에는 보이지 않는 빛 '적외선'이었다. 빛은 파동이다. 파동은 진동이 공간으로 전파되는 것이다. 목에 손을 대고 소리를 내보면 그 떨림, 진동을 느낄 수 있다. 소리도 파동이다. 즉, 빛은 소리와 비슷하게 행동한다. 소리는 진동수에 따라 음이 달라지고, 빛은 진동수에 따라 색이 달라진다. 아주 느리거나 빨리 진동하는 소리는 인간이 들을 수 없다. 이런 소리를 초음파라고 한다. 들리지 않는 소리가 있듯이, 보이지 않는 빛이 있다. 눈에 보이거나 귀에 들리는 것이 세상의 전부는 아니다.

공명하는 빛

거리에 서 있는 가로수는 움직이지 않고 있는 걸까? 정지한 물체는 가만히 있는 것처럼 보인다. 그렇지만 보이는 게 전부는 아니다. 거리의 가로수는 보이지는 않지만 떨리고 있다. 정지한 물체는 모두 진동한다. 당신이 있는 건물도 진동하고 있다. 진동이 너무 작아서 못 느낄 뿐이다. 모든 물체는 고유한 진동수를 갖는다. 당신 주위에 있는 책상, 자동차, 유리잔 모두 고유진동수를 가지고 있다. 와인 잔을 수저로 치면 잔이 갖는 고유진동수의 맑은 소리를 들을 수 있다. 물체의 고유진동수로 그 물체에 진동을 가하면 진동이 엄청나게 증폭된다. 이것을 '공명共鳴'이라 한다.

TV나 라디오의 채널은 고유진동수를 가진다. 방송사에서는 각 채널에 고유한 진동수의 전파를 내보낸다. 라디오의 채널을 돌리면 라디오 수신기의 고유진동수가 바뀐다. 그러다 특정 채널의 고유진동수와 라디오 수신기의 고유진동수가 일치하면 공명이 일어나서 그 채널의 신호만을 수신하게 된다. 사방에 모든 방송국의 전파가 있지만 라디오 수신기와 공명을 일으킨 채널의 방송만 나오는 이유다.

색을 볼 때, 우리 눈에서도 공명이 일어난다. 사람의 눈은 빨간색, 녹색, 파란색을 볼 수 있다. 눈에는 세 종류의 원추세포가 있으며 각 세포들은 세 가지 색에서 각각 공명을 일으킨다. 공명으로 만들어진 전기신호가 뇌로 이동하고, 뇌에서는 어떤 색의 빛이 망막의 어디에 도달했는지 알게 된다. 비록 뇌는 머리 안에 갇혀 있지만 이렇게 바깥세상의 모습을 재구성할 수 있다.

원자에도 공명이 있다. 원자는 원자핵과 전자로 되어 있다. 전자는 양자역학이 정해준 특별한 궤도에만 존재할 수 있다. 이 특별한 궤도가 원자의 고유진동수를 만든다. 수소 원자에 진동수를 바꾸어가며 빛을 쪼여주면 특정한 주파수에서만 빛이 흡수되는 것을 볼 수 있다. 일종의 공명이 일어난 것이다. 이렇게 주파수에 따른 빛의 흡수 정도를 나타낸 것을 '흡수스펙트럼'이라 부른다.

모든 원자는 마치 인간의 지문처럼 그 자신만의 독특한 스펙트럼을 갖는다. 19세기 말 이미 이런 사실이 알려졌지만 원자가 왜 그런 독특한 스펙트럼을 갖는지는 이해할 수 없었다. 당시 원자는 물질을 이루는 최소단위라고 생각되었다. 원자가 공명의 특성을 보인다면 그 안에 일종의 진동이 있다는 의미다. 그 진동의 원인이 무엇인지는 알 수 없었다. 원자의 흡수스펙트럼은 양자역학이 탄생한 다음에야 비로소 이해된다. 이해는 못 해도 이용할 수는 있는 법이다. 태양광의 스펙트럼은 수소의 특성을 가지고 있었다. 즉, 태양이 수소로 되어 있다는 뜻이다. 1868년 피에르 장센은 태양광의 스펙트럼에서 지구에서는 한 번도 본 적 없는 공명을 발견했다. 결국 장센은 우리가 알지 못하는 새로운 원자가 태양에 존재한다고 생각하고 '헬륨'이라는 이름을 붙여주었다. 헬륨은 태양을 가리키는 그리스어 '헬리오스'에서 온 것이다. 스펙트럼은 별에 가보지 않고도 별이 무엇으로 구성되어 있는지를 알려준다.

빛의 속도, 시속 10억 8,000만 킬로미터

빛은 빠르다. 빛의 속도는 시속 10억 8,000만 킬로미터다. 전등을 켰을 때 빛이 전파해나가는 모습을 볼 수 있는 사람은 없다. 갈릴레오는 빛의 속도를 재려고 시도했지만 당시 그가 가진 관측 장비로는 불가능했다. 1676년 올레 뢰머는 최초로 빛의 속도를 제대로 측정했다. 빛이 워낙 빠르다 보니 지구상에서 재는 것은 힘들었다. 그래서 뢰머는 기발한 아이디어를 낸다. 목성의 위성 이오가 목성의 그림자 뒤로 숨었다가 나타나는 현상을 이용한 것이다. 지구가 목성에 가까이 있을 때와 멀리 있을 때, 이 현상을 관측해 비교하면 빛이 그 거리를 이동하는 동안의 시간 차이를 잴 수 있다. 이 거리는 지구 크기의 200배 정도 된다. 뢰머가 얻은 결과는 20만 km/s로 실제 값인 30만 km/s와 비슷하다.

1880년대가 되면 간섭계라는 정교한 장치로 빛의 속도를 측정하게 된다. 오늘날 빛의 속도를 정확히 재는 방법은 빛의 파장과 진동수를 각각 측정하여 곱하는 것이다. 이것은 빛의 파동이 한 번 진동하는 동안 이동한 거리(파장)를 한 번 진동하는 데 걸리는 시간(진동수의 역수)으로 나누어준 것과 같다. 이제 빛의 속도는 더 이상 측정의 대상이 아니다. 충분히 정확하다고 생각하여 299,792,458km/s로 정해버렸기 때문이다.

우리는 불과 150년 전 빛이 무엇인지 알게 되었다. 그 후 50년도 채 지나지 않아 빛은 물리학을 근본부터 허물기 시작했다. 빛은 보는 사람의 움직임과 상관없이 일정한 속력을 가지고 있었고, 파동의 떨림이 아니라 단단한 입자라는 사실이 밝혀진 것이다. 빛이 야기한 혁명이 종료되었을 때, 우리 앞에는 양자역학과 상대성이론이 놓여 있었다. 물리학의 역사에서 빛은 언제나 빛나는 존재였다. 지금까지 당신이 읽은 이 글도 당신 눈에 들어간 빛에 불과하다.

어둠으로 가득한 우주와 빛으로 빛나는
작은 별, 지구

138억 년 전, 빛이 처음 생겨난 이후 우주는 팽창을 거듭했다. 빛은 점차 묽어지고 우주를 압도한 건 어둠이다. 어둠은 우주를 빈틈없이 채우고 있으며, 어둠이 없는 비좁은 간극으로 가녀린 별빛이 달린다.

태양에서 가장 가까운 별, 프록시마 센타우리조차 지구로부터 40조 킬로미터 떨어져 있다. 우주에서 빛을 내는 별들은 대개 이처럼 서로 멀리 떨어져 있어서 큰 스케일로 보면 별은 거의 없는 거나 다름없다. 더구나 보이지 않지만 존재한다고 믿어지는 물질이 우주에 가득한데, 아직 그 정체를 알 수 없어 암흑물질, 암흑에너지라 불린다. 빈 공간의 어둠은 예외로 두더라도, 이런 암흑의 유산이 우주 전체 물질의 96%를 이룬다. 이렇듯 우주는 그 자체로 거의 어둠이다. 주위에 빛이 충만하다고 느낀다면 그것은 우리가 단지 태양이라는 보잘것없는 작은 별 가까이에 위치하기 때문이다.

지금은 밤조차 밝아서 별을 많이 볼 수 없다. 하지만 밤이 밤다웠던 시절, 사람들은 책이나 TV보다 별을 더 많이 보았을 것이다. 초저녁 밝은 빛을 내는 금성은 인기 연예인이었을 것이고, 여름밤의 은하수는 공짜로 즐기는 블록버스터였으리라. 계약직 연구원으로 독일에 머물던 시절, 나는 그렇게 우주를 어렴풋이 느꼈는지도 모르겠다.

시간과 공간의 탄생

우리는 '시공간'이라는 틀로

세상을 본다

물리物理는 말 그대로 사물의 이치를 다루는 학문이다. '리理'는 법칙이라 생각해도 되겠지만, '물物'이 무엇인지 말하기는 쉽지 않다. 주변을 둘러보면 많은 '것'들이 보인다. 책상, 벽, 전등, 스마트폰, 손가락, 구름 등과 같이 보이는 '것'도 있고, 공기같이 보이지 않지만 존재하는 '것'도 있다.

주변에 있는 '것'들은 존재만 하는 것이 아니다. 무언가 하고 있다. 전등은 빛을 내고, 손가락은 움직이고, 나는 숨을 쉬고, 스마트폰은 엄청나게 많은 일을 하고 있다. 이런 모든 '현상'들이 왜 어떻게 일어나느냐 하는 것도 물리의 대상이다. 더 나아가 이런 모든 것들은 왜 여기 이렇게 존재할까 하는 것마저 물리에 포함된다. 물리에 포함되지 않는 것을 찾는 것이 더 빠를지도 모르겠다.

이런 모든 '것'들이 존재하지 않는다면, 더 이상 물리의 대상이 되는 것도 없는 걸까? 우리는 아무것도 없고 아무 일도 일어나지 않는 상황을 상상할 수 있다. 그래도 여기에는 여전히 무엇인가 있고, 또 무엇인가 일어나고 있다. 공간이 있고 시간이 흐른다. 공간과 시간을 인지하는 것은 특별한 훈련이 없어도 가능한 것 같다. 그래서 칸트는 시간과 공간을 인간이 선험적으로 갖는 인지구조라고 보았다. 우주가 시공간으로 구성되어 있어서가 아니라, 우리가 그 틀로 세상을 본다는 것이다.

시간과 공간

시간은 무엇인가? 시간은 정말 흐르고 있나? 시간은 연속인가? 시간은 우주의 본질적인 것인가, 아니면 보다 더 본질적인 것의 부산물인가? 공간은 무엇인가? 빈 공간에는 정말 아무것도 없는가? 공간은 몇 차원인가? 공간은 편평한가? 공간이 있다고 할 때 정확히 무엇이 존재하는 것인가? 시간과 공간에 대해서는 모르는 것이 너무 많다.

138억 년 전 빅뱅으로 시간과 공간도 함께 생겨났다. 하지만 시간과 공간이 뭔지도 모르는데 그것이 생겨났다는 말은 무슨 뜻일까? 시간에 시작점이 있다면 그 시작점 이전의 시간은 어떤 의미를 가질까? 빅뱅이론은 지금의 우주가 팽창하고 있다는 관측 결과에서 추론된 것이다. 낙하하는 사과를 보면 나무에서 떨어졌다는 것을 알 듯, 팽창하는 우주의 시간을 돌려보면 한 점에 모이게 된다. 물론 지금은 팽창하지만 과거에는 제멋대로 팽창·수축했을 수도 있다. 여러 가지 가능성이 있을 때는 가급적 단순한 답을 찾는 것이 과학의 원칙이다. 일정한 속도로 우주가 팽창했다고 보는 것이다.

빅뱅은 단순히 공간만의 탄생이 아닐까 의문을 가질 수도 있다. 시간은 계속 흐르고 있었고, 어느 순간 공간이 생겨난 것이라고 말이다. 우리는 시간이 존재하지 않는 상황을 경험한 적이 없기 때문에 이런 생각을 하는 것도 무리는 아니다. 칸트라면 시간이 존재하지 않는 공간이나 공간이 존재하지 않는 시간 따위는 애초에 생각하는 것 자체가 불가능하다고 말할지도 모르겠다. 사실 빅뱅의 이론적 기반은 아인슈타인의 상대성이론이다. 빅뱅, 그러니까 시간과 공간이 한 점에서 출발했다는 것은 상대성이론의 방정식을

시간과 공간은 138억 년 전 거대한 폭발과 함께 생겨났
다. 시간에 시작점이 있다면 그 시작점 이전의 시간은 어
떤 의미를 가질까? 시간은 우주의 본질적인 것인가, 아니
면 보다 더 본질적인 것의 부산물인가?

수학적으로 풀었을 때 가능한 답의 하나에 불과하다. 놀랍게도 이 이론은 시간과 공간 그 자체를 다룬다.

어떻게 시간과 공간을 기술하는 이론이 가능할까? 시간과 공간은 기술의 대상이 아니라 기술의 기본전제가 되어야 할 것 같은데 말이다. 물리에 쓰이는 언어는 그것이 일상 언어로서 갖는 의미와 다를 때가 많다. 아인슈타인이 생각한 시간과 공간의 의미는 상당히 실용적이다. 시간이란 시계로 읽은 두 사건 사이의 간격이다. 공간이란 자로 읽은 두 지점 사이의 거리다. 이 정의에는 시간과 공간의 본질이 무엇인지는 들어 있지 않다. 엄밀히 말해서 이것은 시간과 공간 그 자체가 아니라 시간과 공간을 기술하는 물리량을 의미한다. 우리가 알 수 있는 것은 이것뿐이니까.

우리가 느끼는 시간과 공간은 측정 결과 얻어진 결과물이다. 여기서 거리란 공간을 점하는 어떤 크기를 말한다. 이것 없이 어떻게 물리적인 공간을 생각할 수 있을까? 마찬가지로 하나의 사건에 대해 (어떤 이유로든) 움직이는 사람이 잰 시간 간격이 정지한 사람이 잰 시간 간격보다 크다면, 움직이는 사람의 시계는 '실제로' 느리게 가는 거다. 측정과 무관하게 존재하는 시간은 상상 속에서나 존재할 따름이다.

언뜻 생각하기에 시간과 공간은 서로 상관없어 보인다. 지금이 몇 시인지는 내가 어디에 있는지와 상관없지 않은가? (물론 9시라면 회사에 있어야 할 거다.) 마치 반찬으로 단무지를 먹든 햄을 먹든 상관없듯이 말이다. 하지만 김밥을 먹는다면 단무지와 햄은 한꺼번에 먹어야 한다. 이제 단무지와 햄이 한데 얽히게 되는 것이다. 자연에서는 빛의 속도가 관측자에 상관없이 일정하다. 속도는 1초의 시간 동안 이동한 거리를 말한다. 속도가 일정해야 한다는 제한 조건은 김밥의 단무지와 햄처럼 시간과 공간을 얽히게 만든다. 이제 우리는 시간과 공간 대신 '시공간'이란 용어를 써야 한다.

상대성이론에 따르면 일정한 속도로 움직이는 물체는 시간이 길어지고 길이가 짧아진다. 정지한 사람이 움직이는 사람의 시계를 보면 자신의 시계보다 느리게 가는 것을 보게 된다는 뜻이다. 또한, 4미터 길이의 자동차가 빛의 속도에 가깝게 움직이면 2미터 길이로 보이게 된다. 한마디로 시간과 공간이 늘어나거나 줄어든다. 속도가 점차 빨라지면 시간도 점차 길어지고 공간도 점차 짧아지게 되는데 이것은 시공간이 휘어진 것과 같다. 병의 둘레길이가 점차 짧아지면서 주둥이로의 곡선이 나오는 거랑 비슷하다. 이제 당신 앞에 시공간이라는 '물체'가 있다고 상상해보자. 상대성이론은 이 물체가 늘어나고 휘어지는 것을 기술한다. 이런 식으로 시공간은 우리의 연구대상이 된다. 실제 아인슈타인의 장방정식은 시공간의 기하학적인 모양을 기술한다. 빅뱅의 순간 시공간은 '점'이라는 도형이 된다. 그러니 이 순간 시간도 생겨난 것이다.

물리학자에게 시간과 공간은 측정으로 얻어진 물리량일 뿐이다. 그러니 시공간의 측정에 대해 생각해보는 것은 중요하다. 측정을 하기 위해서는 기준, 쉽게 말해서 '자'가 필요하다. "고래는 크다." 이것은 물리적으로 아무 의미 없다. 지구에 비하면 정말 작으니까. 비교할 기준이 있어야 한다는 말이다. 물리도 인간이 하는 거라 척도의 기준은 인간이다. 시간의 기준은 초, 길이의 기준은 미터다. 1초는 '똑딱'이라고 말하는 데 걸리는 시간이고, 1미터는 두 손을 적당히 벌렸을 때의 길이다. 세상의 모든 물질이 원자로 되어 있다는 것을 생각하면 원자의 길이를 기준으로 하는 것이 옳다. 그렇다면 100억 분의 1미터 혹은 1옹스트롬이 기준이 된다. 당신의 키 1.7미터는 17,000,000,000옹스트롬이다. 0을 특별히 좋아하는 사람이 아니라면 미터를 쓰고 싶을 거다.

1미터를 정하는 것은 생각보다 쉽지 않다. 1미터 길이의 막대기를 만드는 것으로는 불충분하다. 막대기를 잃어버리면 낭패가 될 테니까. 그래서 사람들이 생각해낸 것은 이런 인공물이 아니었다. 자연에 있는 기준. 누구라도 자연을 측정해서 얻어낼 수 있는 것으로 기준을 정의하려 했던 것이다. 초기에는 지구의 자오선(북극과 남극을 포함하는 둘레) 길이를 기준으로 삼았다. 하지만 자오선 길이는 재기도 힘들었을 뿐 아니라, 자오선이 파리를 지나는지 런던을 지나는지에 따라 차이가 있다.

오늘날 1미터는 빛의 속도와 시간으로 정해진다. 정해진 시간 동안 빛이 이동한 거리가 1미터라는 식으로 말이다. 시간으로 길이를 정하는 셈이다. 앞서 상대성이론에서 이야기했듯이 빛의 속도는 불변이다. 그래서 초속 2억 9,979만 2,458미터라는 숫자로 정해버렸다. 이렇게 길이는 시간이 된다. 그렇다면 1초는 어떻게 정하는가? 시간의 기준도 빛으로 정한다.

현재 1초의 정의는 세슘 원자가 내는 특정 진동수의 빛이 9,192,631,770번 진동하는 데 걸린 시간이다. 언젠가 미래에 인류 문명이 멸망하더라도, 이 정의를 본 누군가는 1미터를 정확히 복구해낼 수 있다는 의미다. 물론 90억 번가량의 진동을 정확히 셀 수 있어야 하므로, 엄청난 정확도로 진동수를 알고 있어야 한다. 2005년 노벨물리학상은 존 홀과 테오도어 헨슈에게 주어졌다. 이들의 업적은 정확한 진동수를 갖는 빛을 만든 것이다. 최근 이 방법을 사용하여 진동수를 19자리까지 알 수 있었다. 비유하자면 서울과 뉴욕 사이의 거리를 원자 하나의 크기보다 작은 오차로 잴 수 있다는 뜻이다.

공간의 스케일

이제 크거나 작다는 것의 의미를 생각해보자. 공간의 스케일 이야기다. 헌혈할 때 쓰는 주사바늘의 지름은 대략 1,000분의 2미터(혹은 2밀리미터)쯤 된다. 머리카락을 20개 정도 늘어세울 수 있는 거리다. 꽃가루라면 1만 개가 들어간다. 대장균은 300만 마리가 들어가니까 대장균이 도시를 건설할 수 있는 수다. 하지만 대장균은 여전히 바이러스보다 100배 이상 크다. 바이러스는 수소 원자 300개 정도의 크기다. 원자가 얼마나 작은지 알 수 있을 거다. 하지만 원자도 내부 구조를 가지고 있다. 원자핵은 원자 크기의 10만분의 1에 불과하다. 이 안에 양성자와 중성자가 들어 있고, 이들을 더 쪼개면 쿼크가 존재한다. 여기까지가 물리학이 실험적으로 도달한 가장 작은 스케일이다. 이런 극도로 작은 공간도 우리가 사는 공간과 같은 성질을 가지고 있을까?

서울-부산 거리는 약 40만 미터(혹은 400킬로미터). 서울을 출발하여 동일한 위도를 따라 지구를 한 바퀴 돈다면 이 거리의 80배가 된다. 달은 서울-부산 거리의 대략 1,000배 정도의 거리에 있다. 태양까지의 거리는 서울-부산 거리의 40만 배가 된다. 태양이 먼 것 같지만, 태양계에서 가장 가까운 별까지의 거리는 지구-태양 거리의 100만 배다. 우리 은하에서 가장 가까운 안드로메다은하에 가려면 지구-태양 거리의 1,000억 배를 가야 한다. 우주에는 이런 은하가 1,000억 개 있다. 이런 거대한 규모의 공간에서도 일상생활의 법칙이 적용될까?

물리는 사물의 이치를 탐구하는 학문이다. 그 대상은 쿼크가 존재하는 극도로 작은 세상에서 은하와 우주라는 거대한 규모에 걸쳐져 있다. 지금 우리는 단지 몇 개의 법칙으로 이런 모든 규모의 공간에서 일어나는 '것'들을 이해할 수 있다. 자, 물리에 대한 흥미가 생겨나지 않는가?

우주

세계의 존재 이유를 안다는 것

세상은 왜 존재하는가?

세상은 왜 존재할까? 존재하지 않는 것에는 이유가 필요 없다. 하지만 무엇인가 존재한다면 왜 그것이 있어야 하는지 설명이 필요하다. 300년 전 고트프리트 라이프니츠는 아무것도 없는 것이 무언가 있는 것보다 자연스럽다고 생각했다. 결국 그는 존재의 이유를 창조자에서 찾았다. 물론 세상이 무無라고 해도 설명이 필요하다고 주장할 수 있다. 하지만 아무것도 없다면 그런 질문을 할 주체, 아니 질문 자체도 존재하지 못할 것이다. 우주의 신비를 탐구하는 물리학자라면 세상이 왜 존재하는지 답할 수 있을까?

존재하지 않는 것에는 이유가 필요 없다. 하지만 무엇인가 존재한다면 왜 그것이 있어야 하는지 설명이
필요하다.

'우주'라고 하면 많은 사람들이 어두운 밤하늘에 촘촘히 박힌 별들을 떠올린다. 하지만 우주는 존재하는 이 세상 전부다. 왜냐하면 저 별들 중 어딘가에는 우리 같은 생명체가 하늘을 쳐다보며 태양이 속한 수많은 별들을 우주라고 생각할 것이기 때문이다. 스마트폰, 벚꽃, 고양이는 말할 것도 없고, 이 글을 읽는 당신도 우주의 일부다. 우주는 시공간과 물질이라는 두 부분으로 구성된다. 시공간은 무대, 물질은 배우라고 할 수 있다. 그렇다면 우주는 시공간이라는 무대 위에서 자연법칙이라는 대본에 따라 물질이라는 배우가 연기하는 연극이다.

우리는 누가 왜 연극을 제작했는지, 아니 왜 우주가 존재하는지 알지 못한다. 하지만 우주가 항상 존재하고 있었는지, 아니면 어느 순간부터 존재하기 시작했는지는 알고 있다. 철학자 칸트는 그의 책 『순수이성비판』에서 우주에 시작점이 있는지 없는지는 모두 정당화될 수 있어 이율배반이라고 했다. 우주에 시작점이 있다면 무한한 시간 가운데 하필 그 순간 시작했을 이유가 없고, 시작점이 없다면 모든 사건 이전에 똑같이 무한한 시간이 있어야 하므로 모순이라는 것이다. 즉, 이성으로는 답을 알 수 없다는 말이다. 하지만 아인슈타인의 상대성이론은 우주의 시작점에 대한 질문을 과학적 탐구대상으로 만들었다.

상대성이론에서 시공간은 연극무대와 같이 고정된 것이 아니라 살아 움직이는 배우와 같다. 배우의 특성이나 움직임에 따라 무대의 구조가 매 순간 함께 바뀌기 때문이다. 상대성이론에서 시공간은 물질과 마찬가지로 기술되어야 할 하나의 대상에 불과하다. 그렇다면 이제 시공간의 변화, 나아가 시공간의 시작과 끝을 묻는 것이 가능해진다. 1920년대 조르주 르메트르는 상대성이론에서 우주가 팽창하고 있다는 수학적 가능성을 찾는다. 우주가 팽창한다는 말은 시간을 거꾸로 돌려보면 한 점에서 출발했다는 뜻이니, 우주에 시작점이 있다는 거다. 바로 빅뱅이론이다.

빅뱅이론이 처음 소개되었을 때, 물리학자들이 별로 좋아하지 않았다는 것을 언급해두어야겠다. 우주에 시작이 있다는 사실이 바로 기독교의 창조론을 닮았기 때문이다. 실제 1950년대 기독교계에서는 빅뱅이론이 창조론과 모순되지 않으며, 나아가 그 증거라는 주장도 있었다. 아인슈타인의 경우 상대성이론이 팽창우주의 가능성을 보인다는 사실을 알고, 자신의 방정식에 '우주상수'라는 것을 억지로 집어넣어 우주의 팽창을 막기도 했다. 훗날 자신이 저지른 최악의 실수라고 했지만 말이다. 사실 스티븐 호킹의 중요한 업적의 하나는 블랙홀과 빅뱅 같은 특이점이 실제로 존재할 수 있다는 것을 보인 것이다.

빅뱅이론은 우주가 한 점에서 시작하여 팽창해왔다고 이야기한다. 그 이유는 모른다. 아무것도 없는 빈 공간에 어느 날 "꽝!"

하고 우주가 나타난 것이 아니다. '꽝' 하는 소리와 빈 공간이 존재한다는 개념조차 빅뱅과 함께 생겨났다.

빅뱅의 메아리

빅뱅이론은 과학이다. 물질적 증거가 있다는 말이다. 아인슈타인이 자신의 권위로 방정식에 상수를 써넣어 빅뱅을 막을 수는 있지만, 과학에서의 옳고 그름은 권위가 아니라 실험적 증거로 결정된다. 빅뱅의 첫 번째 증거는 현재 우주가 팽창하고 있다는 천문학적 관측결과다. 현재 팽창하고 있어도 과거에는 아닐 수 있지 않을까? 빛은 유한한 속력을 갖는다. 그래서 먼 곳에서 온 빛은 오래전에 출발한 것이다. 오늘 당신에게 각각 부산, 베이징, 파리에서 떠난 소포들이 동시에 도착했다고 하자. 부산에서 온 것은 오늘 오전, 베이징은 이틀 전, 파리는 5일 전에 출발한 것이리라. 내가 보는 별빛도 마찬가지다. 어떤 것은 1년, 어떤 것은 100만 년, 또 다른 것은 100억 년 전에 출발한 것들이다. 멀리서 온 것일수록 더 먼 과거의 모습을 가지고 있다. 신기한 일이지만, 이렇게 우리는 과거의 우주를 현재에서 볼 수 있다.

과거의 우주를 보면 우주가 줄곧 팽창해왔음을 알 수 있다.

더구나 우주의 팽창속도는 점점 더 빨라지고 있다. 애덤 리스, 브라이언 슈밋, 솔 펄머터는 이 관측 결과로 2011년 노벨물리학상을 받았다. 우주가 팽창하는 양상은 우주의 미래에 대해 중요한 함의를 갖는다. 이대로 간다면 우주는 그냥 영원히 팽창하기만 할 것이기 때문이다. 우주에 들어 있는 물질의 양이 유한하다면 우주는 점점 희박해질 것이고 결국 아무것도 없는 것이나 다름없이 될 것이다. 현대 우주론이 말해주는 암울하다면 암울한 우주의 미래다.

물질은 온도에 따라 상태가 변한다. 온도를 낮추어가면 수증기에서 물, 물에서 얼음으로 변하는 것이 그 예다. 우주는 초기에 엄청나게 높은 온도의 상태에 있었다. 우주가 팽창함에 따라 온도가 점차 낮아졌고, 그에 따라 물질을 이루는 최소단위인 쿼크와 전자가 만들어졌고, 쿼크와 전자, 쿼크가 모여 양성자, 중성자, 이들이 모여 원자가 만들어졌다. 이 과정을 자세히 설명하는 물리이론이 있음은 물론이다.

빅뱅 이후 원자가 만들어지며 생겨난 빛은 물질과 분리되면서 우주의 끝을 향해 쉴 새 없이 달려간다. 이러한 우주배경복사가 존재한다면 이 빛은 우주 어디에나 어느 방향으로나 있어야 하고, 물리법칙이 이야기하는 특별한 형태의 주파수 분포를 가져야 한다. 1964년 벨연구소의 펜지어스와 윌슨이 6미터 안테나로 기구위성에서 오는 전파를 수신하려다 우연히 이 신호를 발견한 것은 이제 전설이 되었다. 우주배경복사에는 빅뱅 이후 38만 년의 시점, 그러니까 초기 우주의 정보가 담겨 있다. 그래서 정밀히 측정할수록 초기 우주에 대해 더 많이 알 수 있다. 지상에서는 각종 잡음이 많아, 우주공간에 나가서 측정하는 편이 좋다.

1989년 COBE는 이런 목적으로 발사된 인공위성이다. 여기서 얻어진 데이터는 배경복사의 존재를 더욱 명백히 보여주었을 뿐 아니라 공간적으로 그 세기에 미세한 요동이 있음도 알려주었다. 우주 초기, 그러니까 우주가 아주 작았을 때 존재했을 이런 미세한 요동은 우주가 팽창함에 따라 물질들이 중력으로 뭉치는 핵核의 역할을 했다. 바로 이들이 최초의 별과 은하가 된다.

이후 WMAP와 플랑크 위성이 차례로 발사되었다. WMAP는 우주가 편평하다는 것을 보여주었다. 상대성이론에 따르면 공간이 휘어지고 뒤집히는 일도 가능한데, 우리 우주는 유클리드 기하학이 잘 작동하는 평범한 공간이었던 것이다. 유클리드 기하학에서는 휘어지지 않은 편평한 공간을 다룬다. 플랑크 위성은 전례 없는 정확도로 배경복사를 다시 측정했고, 그 결과가 2014년에 발표되었다. 뭔가 새롭고 이상한 것을 기대한 사람들에게는 안 된 일이지만, 정밀하게 측정된 우주배경복사는 빅뱅이론이 옳다는 것을 더욱 높은 정확도로 보여주었다.

빅뱅이론은 시공간이 어떻게 존재하게 되었는지 설명한다. 하지만 왜 물질이 존재하는지는 여전히 미스터리다. 빅뱅의 순간 우주는 엄청난 에너지로 가득했다. 이 에너지는 빈 공간에서 물질을 만들어낼 만큼 컸다. 쌍생성이라 불리는 현상인데, 이 과정에서 물질은 언제나 반물질과 함께 동시에 태어난다. 반물질은 반입자로 된 물질이다. 쌍생성을 통해 만들어진 반입자는 입자와 질량, 스핀이 같고 전하가 반대다. 모든 입자는 대응되는 반입자를 갖는다. 예를 들어, 양성자의 반입자는 반양성자, 전자의 반입자는 양전자다. 쌍생성 과정은 마치 은행에서 100만 원을 대출하고 '–100만 원'이 들어 있는 마이너스 통장을 만드는 거랑 비슷하다. 우주에는 끊임없이 100만 원의 돈과 '–100만 원'의 마이너스 통장이 만들어졌다가, 이 둘이 만나 동시에 사라지는 일이 반복된다. 우주가 팽창함에 따라 에너지의 밀도는 낮아지고 결국 쌍생성을 할 수 있는 에너지 이하가 되면 우주는 오직 빛만 가득하고 물질은 없는 세상이 된다. 하지만 아시다시피 세상에는 물질이 존재한다. 왜일까? 아직 정확한 답은 모르지만, 쌍생성으로 만들어진 물질과 반물질의 양이 달라야 한다는 것은 분명하다. 물질이 반물질보다 10억 분의 1정도 많이 생성되어야 한다. 이보다 너무 크거나 작다면 우리 우주는 지금의 모습을 가질 수 없다. 10억 분의 1이라면 서울-부산 거리를 밀리미터 정확도로 측정할 만큼의 미세한 차이다. 아무튼 세상의 물질은 알 수 없는 비대칭에서 생겨났다. 적절한 크기의 삐딱함이 세상을 만든 것이다.

빅뱅이 왜 그렇게 중요한지 묻는 분들이 있다. 물리학자에게 역사란 초기조건과 법칙을 알면 정해지는 이야기다. 작가 T. S. 엘리엇은 "우리의 탐험이 끝나는 때는 우리가 시작한 장소가 어디인지 알아내는 순간이다"라고 종종 말했다고 한다. 공을 던질 때, 위치와 속도가 정해지면 공이 날아갈 궤도와 떨어질 지점이 정해진 것과 비슷하다. 물론 큰 규모에서 대강의 역사만을 알 수 있다. 카오스이론과 양자역학은 역사의 디테일을 모조리 예측하는 것이 불가능하다고 말해준다. 우리가 현재 가진 물리법칙은 빅뱅이라는 초기조건으로부터 우주의 역사에 대해 다음과 같은 이야기를 들려준다.

빅뱅 이후 38만 년이 지나자 원자와 빛이 생겨났다. 우주는 계속 팽창하는 가운데 원자들이 서로 중력으로 당기기 시작했다. 원자들이 충분히 모여 거대한 덩어리를 형성하면 이제 그 중심은 엄청난 압력과 온도에 도달한다. 짓눌린 원자들이 원자핵과 전자로 찢기고, 원자핵이 하나로 합쳐지며 핵융합반응이 시작된다. 스타(별)의 탄생이다. 지금도 태양의 내부에서 벌어지는 일이다. 초기의 원자들은 주로 수소와 헬륨이었다. 사실 우주의 초기에 원자라고는 이게 거의 전부다. 지금도 크게 다르지 않다. 별 내부에서 일어나는 핵융합반응은 수소와 헬륨 같은 가벼운 원자들을 융합시켜점점 더 크고 무거운 원자들을 만들기 시작한다. 아주 무거운 원자들은 별이 초신성으로 폭발할 때 만들어진다.

이렇게 만들어진 별들은 모여서 은하를 이룬다. 우리 은하는 태양과 같은 별을 1,000억 개나 가진 거대한 별 집단이다. 은하를 이루는 별들은 지구가 태양 주위를 돌듯 은하 중심 주위를 돈다. 뉴턴의 중력법칙에 따르면 은하 중심에서 멀어질수록 별의 회전속도는 작아져야 한다. 하지만 실제 관측해보니 속도가 거의 변하지 않았다. 감히 뉴턴의 중력이론이 틀렸다고 주장할 사람은 없기 때문에, 아직 우리가 모르는 무언가가 있다고 과학자들이 합의한 상태다. 즉, 별의 속도를 예상보다 빠르게 만들어주는 추가적인물질이 은하의 내부에 숨어 있다는 거다. 이들이 눈에 보였다면 이런 문제는 애초 생기지도 않았을 거다. 우주에는 정체를 알 수 없는 이러한 암흑물질의 총량이 우리가 아는 물질 총량의 5배가 넘는다.

별이 되지 못한 입자들이 별 주위를 떠돌기도 한다. 여기에는우주공간을 떠돌던 원자들이 모인 먼지도 포함된다. 이들이 모여지구와 같은 행성이 된다. 지구 표면에 있는 일부 원자들이 모여 자신의 구조를 유지하고 나아가 복제하는 경향을 가지게 되었다. 생명의 탄생이다. 생명은 진화를 거듭하여 호모사피엔스에 이르렀고, 호모사피엔스는 이제 우주가 왜 존재하는지 묻고 있다.

세상은 왜 존재하는가? 이 질문에 대한 답의 단서는 빅뱅이 일어나는 순간에 있을 거다. 현대물리학은 빅뱅 이후 '1,000억 분의 1초'가 지난 다음부터 적용할 수 있다. 그 이전의 엄청나게 짧은 시간 동안을 기술할 수 있는 물리이론은 아직 없다. 물리학의 성배나 다름없는 통일장이론 혹은 양자중력이론이 나온다면 '1,000억 곱하기 1,000억 곱하기 1,000억 분의 1초'까지 빅뱅에 근접하여 우주를 기술할 수 있게 된다. 이 찰나와도 같은 시간 속에서 우리는 우주 존재의 이유를 찾아낼 수 있을까? 스티븐 호킹이 쓴 『시간의 역사』의 마지막 문장이다.

"만약 우리가 (우주가 왜 존재하는가 하는) 물음의 답을 발견한다면 그것은 인간 이성의 최종적인 승리가 될 것이다. 그때에야 비로소 우리는 신의 마음을 알게 될 것이기 때문이다."

우리를 이루는 것, 세상을 이루는 것

모든 존재는 원자로 이루어져 있다

어린 시절 가장 두려웠던 상상 가운데 하나는 죽음이었다. 내가 더 이상 존재하지 않는다는 생각을 하면 몸이 허공에 붕 뜨며 세상이 하얗게 변하는 느낌이 들었다. 죽는 순간, 내 앞에 존재하는 이 모든 것들이 다 사라지고, 나의 이런 생각, 느낌조차 없어진다니. 이보다 더 황망한 일이 있을까? 하지만 물리를 공부하고 원자를 알게 되면서, 죽음을 다른 측면에서 바라보게 되었다. 죽음뿐만이 아니다. 원자를 알게 되면 세상 만물이 달리 보이기 시작한다. 서양 철학사는 탈레스의 말로 시작된다. "만물의 근원은 물이다." 철학 최초의 질문은 만물의 근원, 즉 물리에 관한 것이었다. 이 질문에 데모크리토스는 오늘날 우리가 알고 있는 것과 유사한 답을 찾았다. "관습에 의해 (맛이) 달고 관습에 의해 쓰며, 관습에 의해 뜨겁고 관습에 의해 차갑다. 색깔 역시 관습에 의한 것이다. 실제로 있는 것은 원자와 진공뿐이다." 세상은 텅 빈 진공과 그 속을 떠도는 원자로 되어 있으며 나머지는 모두 관습, 즉 인간 주관의 산물이라는 것이다. 데모크리토스는 유물론자였다. 그는 세상 모든 것, 즉 영혼조차 원자로 되어 있다고 생각했다.

고대 그리스시대 철학자의 말이 실험과 수학으로 뒷받침되는 현대물리학과 같은 무게를 가질 수는 없겠지만, 그가 핵심을 짚은 것은 분명하다. 우리 주위에 보이는 모든 것이 원자들의 모임에 불과하며 불멸하는 것은 영혼이 아니라 원자다. 사물이 가진 특성은 원자들이 배열하는 방식에서 나온다. 원자가 없다면 세상도 없다.

데모크리토스의 눈으로 본 세상은 허무하다. 원자들은 빈 공간에서 기계적으로 움직일 뿐 거기에 어떤 목적이나 의미는 없다. 하지만 원자들의 기계적인 운동은 세상만사를 일으킨다. 지금 읽고 있는 이 문장은 종이에 인쇄되었거나 모니터 화면을 채우고 있을 것이다. 이들 매체는 모두 원자로 되어 있다. 이 문장을 읽는 순간, 뇌 속의 신경세포들은 여러 가지 전기신호를 만들어낸다. 신경세포도 원자로 되어 있다. 신경세포의 전기신호조차 원자로 되어

죽으면 육체는 먼지가 되어 사라진다. 하지만 원자론의 입장에서 죽음은 단지 원자들이 흩어지는 일이
다. 원자는 불멸하니까 인간의 탄생과 죽음은 단지 원자들이 모였다가 흩어지는 것과 다르지 않다.

있다. 소듐과 칼륨이온이 신경세포의 세포막을 넘나드는 것이 전기신호다. 이들은 그냥 자연법칙에 따라 움직였을 뿐 거기에 어떤 목적이나 의도는 없다. 인간의 사유도 원자로 만들어진 몸에서 일어난 일이다.

모든 사람은 죽는다. 죽으면 육체는 먼지가 되어 사라진다. 어린 시절 죽음이 가장 두려운 상상이었던 이유다. 하지만 원자론의 입장에서 죽음은 단지 원자들이 흩어지는 일이다. 원자는 불멸하니까 인간의 탄생과 죽음은 단지 원자들이 모였다가 흩어지는 것과 다르지 않다. 누군가의 죽음으로 너무 슬플 때는 우리 존재가 원자로 구성되었음을 떠올려보라. 그의 몸은 원자로 산산이 나뉘어 또 다른 무엇인가의 일부분이 될 테니까. 모든 것이 원자의 일이라는 말에 허무한 마음이 들지도 모르겠다. 우리가 허무함이라는 감정을 느끼는 그 순간에도 이 모든 일은 사실 원자들의 분주한 움직임으로 이루어진다. 모든 것은 원자로 되어 있으니 원자를 알면 모든 것을 알 수 있다.

100퍼센트의 원자 둘과
오차 범위의 원자 116개

원자의 구조는 단순하다. 가운데 원자핵이 있고, 그 주위를 전자들이 돈다. 태양과 그 주위를 도는 행성들로 이루어진 태양계와 비슷하다. 원자핵은 양성자와 중성자로 구성되어 있는데, 양성자 수에 따라 원자의 종류가 정해진다. 양성자가 하나면 수소, 두 개면 헬륨, 8개면 산소, 이런 식이다. 양성자의 수를 원자번호라고 한다. 지금이라면 양성자 하나 있는 원자에 '수소'가 아니라 '1번'이란 이름을 붙였을 거다.

우주에 존재하는 원자는 대부분 원자번호 1번인 수소다. 구조가 가장 간단해서 그렇다. 두 번째로 많은 원자는 2번 헬륨이다. 이 둘을 합치면 우주에 존재하는 원자의 거의 100%가 된다. 나머지를 다 합쳐봐야 오차 정도의 양에 불과하다. 이 오차에 탄소, 산소, 질소, 금 같은 익숙한 원자 대부분이 포함된다. 원자번호가 클수록 많은 양성자를 좁은 핵 안에 욱여넣어야 하므로 만들어지기 어렵다. 그래도 92번 우라늄까지는 자연적으로 만들어질 수 있다. 하지만 93번부터는 자연적으로 만들어지는 것이 불가능하다.

'우라늄'이라면 낯익은 이름이다. 우라늄 원자핵에 중성자를 넣어서 핵이 둘로 쪼개지면 원자폭탄이 된다. 핵이 쪼개지는 대신,

핵 내부에서 전자가 밖으로 튀어나오는 베타붕괴가 일어날 수 있다. 이 경우 원자번호가 하나 커진 93번의 새로운 원자가 만들어진다. 1940년 원자핵실험에서 93번 '넵투늄'이 발견되었다. 넵투늄에서 또 한 번 베타붕괴가 일어나면 94번이 만들어진다. 북한 핵 관련 뉴스의 단골메뉴 '플루토늄'이다. 우라늄, 넵투늄, 플루토늄은 태양계 행성 천왕성(우라누스), 해왕성(넵튠)과 소행성 명왕성(플루토)의 이름을 차례로 딴 것이다.

1946년부터는 94번 플루토늄에 중성자 대신 알파입자를 충돌시켜 밀어 넣는 실험이 시작되었다. 알파입자는 양성자 두 개, 중성자 두 개로 구성된 입자다. 그래서 두 개를 건너뛰어 96번 '퀴륨' 원자가 만들어졌다. 96번 원자는 불안정하여 스스로 붕괴하며 95번 '아메리슘'으로 변환되었다. 이후 일사천리로 101번까지 만들어진다. 새로 발견된 원자의 이름은 발견자가 짓는 것이 관례다. 1955년 미국 연구팀은 101번 원자에 주기율표를 만든 러시아 과학자 멘델레프의 이름을 따 '멘델레븀'이라 명명하였다. 그 당시가 냉전시대였던 것을 생각하면 쉬운 결정은 아니었다.

이렇게 만들어진 새로운 원자는 그 양이 너무나 적기 때문에 그 존재로만 의미가 있다. 101번 원자를 만들려면 99번 원자가 필요하다. 당시 99번 원자를 얻기 위해 94번 플루토늄에 알파입자를 쏘는 실험을 3년간 계속해야 했다. 이렇게 만들어진 멘델레븀은

17개에 불과했다고 한다. 현미경으로 봐도 안 보인다는 얘기다.

1960년부터는 원자를 만드는 새로운 방법이 도입된다. 102번 원자를 만들기 위해 23번과 79번을 융합하는 거다(23+79=102).

103번까지는 오직 미국만이 새로운 원자를 만들어왔다. 그러던 중 소련 두브나 연구소에서 104번 원자를 발견했다는 발표를 한다. 미국과 소련의 경쟁이 시작된 것이다. 이 경쟁에 독일 다름슈타트 연구팀까지 가세하면서 상황이 복잡해진다. 원자 발견의 우선권에 대한 논란 끝에 1996년 104번부터 109번까지 원자의 이름이 결정되었다. 여기에는 소련 두브나 연구소의 이름을 딴 두브늄(105번), 미국 연구팀의 책임자 글렌 시보그의 이름을 딴 시보귬(106번)이 포함되었다. 곧 이어 발견된 110번은 '다름슈타튬'으로 정해졌다.

2016년 6월 국제순수응용화학연합IUPAC은 새로 발견된 4개의 원자 이름을 공시했다. 이로써 118번 원자인 '오가네손'까지 현재 존재하는 118개의 모든 원자가 이름을 가지게 되었다.

생명 현상은 원자들의 운동

사람은 한순간이라도 숨을 쉬지 않으면 살 수 없다. 숨을 쉰다는 것은 산소를 들이마시고 이산화탄소를 내뱉는 것이다. 공기 중을 떠다니는 산소는 산소 원자 두 개가 결합한 형태로 존재하는데 이를 산소 분자라 부른다. 산소 분자가 코를 통해 허파에 다다르면 헤모글로빈이라는 단백질과 결합한다. 코, 허파, 헤모글로빈 모두 원자로 되어 있음은 물론이다. 헤모글로빈은 단백질인데 그 한가운데 '철' 원자를 품고 있다. 철을 공기 중에 두면, 녹이 슨다. 산소가 헤모글로빈과 결합하는 것은 바로 철이 녹스는 과정이다. 피의 붉은색은 바로 철이 녹슬어 생긴 것이다.

산소는 반응성이 큰 원자다. 다른 원자를 만나면 바로 결합한다. 따라서 산소가 홀로 몸속을 어슬렁거리며 다니는 것은 위험하다. 산소가 몸을 이루는 원자들과 마구 결합하여 망가뜨릴 것이기 때문이다. 이런 산소를 활성산소라 부른다. 노화의 주범이며, 죽음의 이유이기도 하다. 아이러니지만 몸의 모든 세포는 에너지를 얻기 위해 산소를 필요로 한다. 헤모글로빈은 위험물 산소를 운반하는 특별호송차량인 셈이다. 산소 이외의 원자들은 그냥 혈액을 타고 이동한다. 산소만 예외다.

헤모글로빈의 구조를 보면 정확히 산소 분자에 들어맞는 빈 공간을 가지고 있다. 질소나 염소 같은 다른 분자는 여기 들어갈 수 없다. 산소만을 위한 열쇠구멍이라고 보면 된다. 하지만 산소와 비슷한 크기의 분자가 오면 실수로 그 자리를 차지할 수도 있다.

일산화탄소가 그 예다. 일산화탄소는 산소 원자 한 개와 탄소 원자 한 개가 결합한 것으로 산소 원자만 두 개 결합한 산소 분자와 비슷하다. 로미오와 줄리엣 자리에 이몽룡과 성춘향이 들어간 셈이다. 이 때문에 일산화탄소는 독毒이다. 연탄가스를 마시면 죽는 이유다. 헤모글로빈을 통해 산소가 아니라 일산화탄소가 운반되기 때문이다. 반면, 일산화탄소와 이름이 비슷한 이산화탄소는 이런 문제가 없다. 이산화탄소는 산소 원자 두 개에 탄소 원자 한 개, 도합 원자 세 개가 모인 구조다. 산소 원자 두 개를 위한 공간에 절대 들어갈 수 없다. 로미오와 줄리엣 자리에 삼총사가 들어갈 수 없는 것과 같다.

세포에 전달된 산소는 미토콘드리아라는 세포 내 기관에서 포도당을 산화시킨다. 쉽게 말해서 포도당을 활활 태운다고 보면 된다. 나무가 탈 때 열이 나듯이 포도당이 타면 에너지가 만들어진다. 우리 몸은 살아가는 데 필요한 에너지를 이렇게 얻는다. 물론 세포, 미토콘드리아, 포도당 모두 원자로 되어 있다. 포도당은 어떻게 얻느냐고? 포도당이 몸 밖에 있을 때 우리는 그것을 음식이라고 부른다. 사실 포도당의 산화는 간단한 과정이다. 포도당에 있는 전자 두 개가 산소로 이동하는 것에 불과하다. 결국 산소는 고작 포도당의 전자 두 개를 빼앗으려고 헤모글로빈에 실려 그 먼 길을 이동한 것이다.

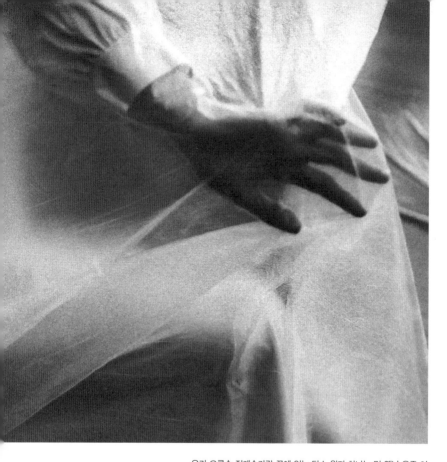

우리 오른손 집게손가락 끝에 있는 탄소 원자 하나는 먼 옛날 우주 어느 별 내부의 핵융합반응에서 만들어졌다. 그 탄소는 우주를 떠돌다가 태양의 중력에 이끌려 지구에 내려앉아, 시아노박테리아, 이산화탄소, 삼엽충, 트리케라톱스, 원시고래, 사과를 거쳐 내 몸에 들어와 포도당의 일부로 몸속을 떠돌다, 손가락에 난 상처를 메우려 DNA의 정보를 단백질로 만드는 과정에서 피부 세포의 일부로 그 자리에 있는 것일지 모른다.

생명 현상의 모든 것은 원자들의 운동으로 이해할 수 있다. 우리 몸과 공기도 예외는 아니다. 생명의 핵심물질인 DNA조차 원자로 되어 있으며, 그 구조를 밝히는 것에서 현대생물학이 탄생했다. 세상 무엇이든 그 존재의 작동 방식을 알려고 하면 결국 답을 구하는 여정에서 원자를 만나게 된다. 모든 것은 원자로 되어 있기 때문이다.

우리 오른손 집게손가락 끝에 있는 탄소 원자 하나는 먼 옛날 우주 어느 별 내부의 핵융합반응에서 만들어졌다. 그 탄소는 우주를 떠돌다가 태양의 중력에 이끌려 지구에 내려앉아, 시아노박테리아, 이산화탄소, 삼엽충, 트리케라톱스, 원시고래, 사과를 거쳐 내 몸에 들어와 포도당의 일부로 몸속을 떠돌다, 손가락에 난 상처를 메우려 DNA의 정보를 단백질로 만드는 과정에서 피부 세포의 일부로 그 자리에 있는 것일지 모른다.

이렇게 우리는 원자 하나에서 우주를 느낀다.

모두 같으면서, 모두 다르다

똑같은 것은 똑같지 않다

일란성 쌍둥이도 자세히 보면 다르다. 하나의 DNA에서 시작했지만 살면서 외부 환경의 영향으로 차이가 생기기 때문이다. 외부 환경이 똑같아도 차이가 생긴다. 우리 몸의 세포들은 끊임없이 복제되고 있기 때문이다. 그러지 않다면 몸의 형태를 유지할 수 없다. 인간 유전체에는 32억 개의 염기쌍이 있다. DNA 한 개를 복제하는 것은 전 세계 인구 절반에 해당하는 사람들의 이름을 장부에 옮겨 적는 거랑 비슷하다. 더구나 사람의 몸에는 30조 개 정도의 세포가 있고, 세포마다 DNA가 하나씩 있다. 세포가 복제될 때는

DNA도 복제되지만 그 과정에서 필연적으로 실수가 일어난다. 결국 쌍둥이조차 세포 수준에서 완전히 똑같을 수는 없다는 의미다.

겉보기에 똑같아 보이는 100원짜리 동전들도 엄밀히 말해서 똑같지 않다. 공식적으로 5.42그램의 질량을 가져야 하지만 1억 분의 1그램까지 잴 수 있는 정밀저울로 측정하면 차이가 날 것이다. 1억 분의 1그램까지 질량이 같더라도 두 동전은 다르다. 원자 개수를 세어보면 차이가 있을 테니까. 원자 개수마저 똑같아도 여전히 다르다. 100원 주화는 구리 75%, 니켈 25%로 이루어지는데 구리와 니켈 원자들의 상대적 배치가 다를 수 있기 때문이다. 상대적 배치마저 같아도 여전히 다르다. 구리와 니켈에는 동위원소가 있기 때문이다. 동위원소란 화학적 성질은 같지만 질량만 다른 원자다. 결국 우리 주위의 물체에 대해 원자 수준까지 내려가서 비교하면 같다는 말은 무의미하다. 결국 겉모습이 완전히 똑같은 물체라도 원리적으로 서로 구분 가능하다.

원자를 이루는, 원자보다 작은 것

데모크리토스는 원자가 더 이상 쪼개지지 않는 가장 작은 단위라고 생각했다. 서양철학의 전통에서 원자는 쪼개지면 안 되는 거였다. 하지만 전통은 깨지기 위해 있는 거라고 하지 않았던가. 원자도 무언가로 이루어져 있다는 발견으로부터 양자역학은 시작된다.

패러데이와 맥스웰이 살았던 19세기는 전기電氣의 시대였다. 두 전극 사이에 높은 전압을 걸면 방전이 일어나는 것을 볼 수 있다. 인공번개를 만든 것이다. 서양에서 번개는 제우스 정도는 되는 신이 만들 수 있는 것, 신이 사용하는 무기로 여겨졌다. 이제 그것을 인간이 손에 넣은 것이다. 사람들은 점점 높은 전압을 걸어보았고 더 멋지고 거대한 규모의 번개를 얻을 수 있었다. 그러다 번개가 치는 동안 공기 중을 이동하는 무언가를 발견한다. 무엇이 이동한 걸까?

그 '무엇'이 이동하는 동안 공기를 이루는 원자들이 방해될 것은 분명했다. 공기가 없는 진공관 내부에 전극을 넣어 번개를 만들었더니 '무엇'의 연속적이고 분명한 흐름이 보였다. 1898년 조지프 톰슨(1906년 노벨물리학상)은 이것이 '전자'의 흐름임을 밝힌다. 번개가 바로 전자였던 거다. 놀라움은 여기서 끝나지 않았다. 전자의 질량은 당시 가장 작은 원자로 알려진 수소보다 2,000배나 작았다. 원자보다 작은 것이 존재했던 것이다. 세상 만물이 원자로 되어 있으니 전자는 원자의 일부일 수밖에 없었다.

모든 전자는 똑같다

전자는 더 이상 나눌 수 없는 물질의 최소단위다. 우리는 숨을 쉴 때마다 한 번에 500밀리리터 정도의 공기를 들이마신다. 여기에는 대략 아보가드로수의 전자가 들어 있다. 아보가드로수란 '1' 뒤에 '0'이 23개나 붙은 어마어마하게 큰 숫자다. 그런데 이 많은 전자들은 서로 완전히 똑같다. 앞에서 똑같아 보이는 물체들이 사실 다르다고 하더니, 전자는 완전히 똑같다고 하는 이유가 뭘까? 전자는 물질의 최소단위다. 전자는 색도 모양도 없다. 그 내부에 더 작은 세부구조 따위도 없다. 그래서 모든 전자는 똑같다.

치킨집에서 우리를 언제나 괴롭히는 문제가 있다. 바로 양념과 프라이드 가운데 무엇을 선택해야 하느냐 하는 문제다. 메뉴에 '양념 반, 프라이드 반'이 없다면 동전을 던지는 수밖에 없다. 보통은 동전 하나를 던지지만 물리에 관한 이야기를 하는 중이니 (좀 어렵더라도) 두 개를 던져보자. 둘 다 같은 면이 나오면 양념, 다른 면이 나오면 프라이드다. 이 경우 확률은 각각 2분의 1이다. 왜냐하면 동전 두 개를 던져 나오는 모든 가능한 경우가 '앞앞', '앞뒤', '뒤앞', '뒤뒤'로 네 가지인데, 같은 면이 나오는 경우가 '앞앞', '뒤뒤'로 두 가지, 다른 면이 나오는 경우가 '앞뒤', '뒤앞'으로 역시 두 가지이기 때문이다.

만약 동전 두 개가 완전히 똑같다면 어떤 일이 벌어질까? 앞에서 누누이 이야기했듯이 보통의 경우 두 동전이 완전히 똑같기는 절대로 불가능하다. 하지만 동전이 전자같이 완전히 똑같아서 서로 구분 불가능하다고 가정해보자. '앞앞', '뒤뒤'는 괜찮지만 '앞뒤', '뒤앞'에서 문제가 생긴다. '앞뒤'란 한 동전이 앞면일 때 다른 동전이 뒷면이라는 말이다. 이 동전이 앞면일 때 저 동전이 뒷면이라는 말이기도 하다. 여기서 우리는 이 동전, 저 동전하며 두 동전을 구분하여 말하고 있다. 두 동전이 구분 불가능하다면 '앞뒤', '뒤앞'의 구분은 무의미하다. 따라서 이 두 경우는 같다. 하나의 경우인 것이다.

결국 모든 경우의 수는 세 가지뿐이다. '앞앞', '뒤뒤', '앞뒤'(또는 '뒤앞'). 이 가운데 같은 면이 나오는 경우는 두 가지이므로 양념이 나올 확률은 3분의 2, 프라이드는 3분의 1이 된다. 구분 불가능한 동전을 던지면 양념치킨을 먹게 될 확률이 더 크다. 사랑을 고백할지 고민하고 있다면 양자 동전을 던져보라. 같은 면이 나오면 고백하는 걸로.

모든 전자는 똑같다. 더구나 전자는 양자역학으로 기술된다. 양자역학이 기술하는 원자 세상은 우리의 경험과 상식이 통하지 않는다. 하나의 전자가 동시에 여러 장소에 존재할 수 있으니 말이다. 당신은 절대로 서울과 부산에 동시에 있을 수 없지만, 당신 몸을 이루는 전자는 그럴 수 있다. 이제 구분 불가능한 전자들을 양자역학으로 다루면 전혀 예기치 못한 결과가 얻어진다.

무언가 기술하려면 우선 그 무언가에 이름을 주어야 한다. 물리에서도 두 개의 전자가 있다면 이들에게 각각 이름을 주어야 한다.

하지만 모든 전자는 완전히 똑같은데 이렇게 구분하여 부를 수 있을까? 도대체 우리는 구분 불가능한 입자를 어떻게 불러야 할까? 양자역학은 이 문제에 놀라운 답을 준다. 다시 치킨집 이야기로 돌아가보자. 두 개의 전자가 하나는 양념, 다른 하나는 프라이드를 먹는다고 가정해보자. 전자가 어떻게 치킨을 먹느냐고 딴지 걸지 마시라. 그렇다면 철수는 양념, 영희는 프라이드를 먹는다고 기술하면 된다. 물론 이것은 틀렸다. 철수니 영희니 하는 것은 전자들에 편의상 붙인 이름일 뿐이다. 이 둘은 완전히 똑같다. 반대로 영희가 양념, 철수가 프라이드를 먹는다고 해도 상관없어야 한다. 바로 이게 답이다. '철수는 양념, 영희는 프라이드를 먹는 사건'과 반대로 '영희는 양념, 철수가 프라이드를 먹는 사건'이 양자역학에서는 동시에 일어날 수 있다. 마치 전자가 두 장소에 동시에 존재할 수 있는 것과 마찬가지로 말이다.

정리해보자. 두 전자에 철수와 영희라는 이름을 주는 순간 둘은 구분 가능해진다. 하지만 '철수가 양념, 영희가 프라이드' 또는 '철수가 프라이드, 영희가 양념'이라는 두 사건이 동시에 일어난다고 하면 구분이 사라진다. 양자역학은 이렇게 모든 전자가 똑같다는 사실을 자신만의 방식으로 구현한다. 이로부터 '파울리의 배타排他원리'라고 부르는 우주의 중요한 법칙이 얻어진다. 볼프강 파울리는 이 원리를 발견한 공로로 1945년 노벨물리학상을 수상했다.

파울리의 배타원리는 전자들이 원자 내에서 어떻게 배치되어야 하는지를 설명한다. 호텔 1인실에는 한 사람, 2인실에는 두 사람이 들어가야 하는 것처럼 양자역학적 상태에 몇 개의 전자가 들어갈 수 있는지를 결정해준다. 전자들의 공간적 배치는 중요하다. 다른 사람과 어떤 관계를 맺고 있느냐가 당신의 평판을 결정하듯이 다른 원자와의 관계가 원자의 특성을 결정한다. 원자는 중심에 엄청나게 작은 원자핵이 있고 그 주위를 많은 전자들이 둘러싸고 있다. 다른 원자가 보기에는 주변에 있는 전자들만 보인다. 결국 전자 배치가 원자의 특성을 결정한다는 의미다. 전자 배치가 유사한 리튬과 나트륨이 모두 물에 닿으면 격렬히 반응하고, 마찬가지로 불소와 염소가 모두 독인 이유다. 고체 내의 전자들도 배타원리에 따라 배치된다. 즉, 모든 전자들이 똑같다는 사실로부터 세상 모든 물질의 특성과 형태가 정해지는 것이다. 결국 우주의 모든 전자가 똑같다는 사실이 우리 존재의 기반이 된다.

왜 전자는 모두 똑같을까?

전자는 물질을 이루는 최소단위라서 똑같다고 했다. 혹시 여기에 더 심오한 의미가 있는 것은 아닐까?

요즘 아이돌그룹의 댄스는 거의 예술의 경지라 할 만하다. 10명의 멤버들이 서로의 몸으로 '호랑이' 형상을 만들었다고 하자. 멤버들이 함께 움직이면 호랑이도 따라 움직일 것이다. 호랑이 자체는 실체가 아니지만, 그 형상만 본다면 실체나 다름없다고 보아도 무방하다. 이제 아이돌그룹이 아닌 일반 고등학생들이 마찬가지로 똑같이 호랑이 형상을 만들었다. 겉보기에 두 호랑이 형상이 똑같다면 이 둘은 완전히 똑같다고 할 수 있을까?

이 문제는 미묘하다. 이제 우리의 대상은 원자같이 물질로 구성된 것이 아니라 물질 위에 덧씌워진 형상일 뿐이다. 형상을 만들려면 재료가 필요하기는 하지만, 그것은 핵심이라기보다 부수적인 것이다. 고양이, 레고블록, 사과로도 같은 형상을 만들 수 있기 때문이다. 사실 형상은 공간상에 만들어진 수학적 도형에 불과하다. 추상적 기호란 뜻이다. 숫자 '1'과 '1'은 완벽하게 똑같다. 신문에 인쇄된 두 글자의 모양이 같다는 말이 아니다. 앞에서 이야기했듯이 인쇄된 글자는 원자 수준까지 생각하면 절대 같을 수 없다. '1'은 하나가 있다는 추상적인 수학기호다. 기호라는 관점에서 이 둘은 똑같다. 앞서 만들어진 호랑이 형상도 마찬가지로 일종의 기호, 정보라고 볼 수 있다. 이런 것들은 개념이라 똑같다.

우리는 전자가 그 자체로 질량과 전하를 갖는 실체라고 생각한다. 하지만 전자가 호랑이 형상과 같은 결과물에 불과하다면 어떨까? 그렇다면 서로를 구분하는 것이 무의미할 거다. 이들은 기호라 완전히 똑같기 때문이다. 전자는 무엇의 결과물일까? 물리학자들은 이 '무엇'을 '전자장electron field'이라 부른다. 이런 식으로 전자를 기술하는 방법이 '양자장론quantum field theory'이다. 오늘날 양자장론은 이론물리학의 중요한 뼈대다.

양자장론이 보는 세상은 이렇다. 전자장에서 전자가 만들어진다. 전자는 실체가 아니라 전자장이 만들어내는 결과물이다. 정확하지는 않지만 비유하자면, 전자는 개별적으로 존재하는 것이 아니라 전자장의 일부분에 해당하는 형상에 불과하다. 세상의 모든 전자는 서로 구분할 수 없이 똑같다.

많은 원자들이 모여 만들어진 일상의 물체들은 똑같이 만드는 것이 불가능하다. 하지만 물체를 이루는 원자의 수준으로 내려가면 전자 같은 기본입자들은 서로 구분조차 할 수 없을 만큼 완전히 똑같다. 우리가 보는 물질은 그 자체로 실체가 아니라 그 뒤에 숨어 있는 장의 일부분, 형상의 결과물에 불과하기 때문이다.

때로 보이는 것이 전부가 아니다.

사람, 나무, 흙, 공기, 스마트폰, 모두 원자
로 되어 있다. 물체를 이루는 원자의 수준
으로 내려가면 전자 같은 기본입자들은 서
로 구분조차 할 수 없을 만큼 완전히 똑같
다. 우리가 보는 물질은 그 자체로 실체가
아니라 그 뒤에 숨어 있는 장의 일부분, 형
상의 결과물에 불과하기 때문이다. 때로
보이는 것이 전부가 아니다.

생명이 존재하려면

『미토콘드리아』

　　우리는 우주의 시작에 대해 알고 있으나 최초의 생명에 대해 알지 못한다. 생명이 우연의 산물인지 필연적 귀결인지조차도 알지 못한다. 생명이 당연해 보인다면 그건 단지 생명이 넘치는 지구에 당신이 살고 있기 때문이다.

　　지구상에 존재하는 모든 생명체의 기본단위는 세포다. 인간이 모여 사회가 되듯이, 세포가 모여 생물이 된다. 물론 세포 하나로 이루어진 생명체도 있다. 아니, 대부분의 생명체는 세포 하나로 구성된 단세포 생물, 세균이다. 세균은 지구상 어디에나 있다. 세포는 원핵세포와 진핵세포로 나뉜다. 이 둘의 차이는 핵막의 존재 여부다. 핵막은 DNA를 둘러싼 막이다. 핵막을 가진 진핵세포는 중요하다. 인간이나 고양이, 고등어, 소나무 같은 모든 다세포생물이 진핵세포로 구성되기 때문이다.

진핵세포의 핵막 안에는 유전물질인 DNA가 들어 있다. DNA 덕분에 인간이 인간을 낳고 돼지가 돼지를 낳는다. 생명체에게 번식도 중요하지만, 가장 중요한 것은 살아 있다는 그 자체다. 생명이 살 수 있도록 에너지를 생산하는 세포 내 기관이 바로 '미토콘드리아'다. 닉 레인의 책 제목이기도 하다.

미토콘드리아는 생명의 에너지 생산공장이고, 다세포생물과 성sex을 탄생시킨 주범이며, 세포자살과 노화의 배후세력이다. 다세포생물이라니까 특별한 생물 같지만, 세균이 아닌 모든 생명체, 적어도 눈에 보이는 모든 생명체를 가리킨다. 이런 방대한 주제가 세포 내 하나의 소기관으로 설명된다는 사실이 경이로움으로 다가온다.

우리 몸을 이루는 세포는 모두 동일한 유전자를 갖는다. 나의 발가락을 이루는 세포와 코를 이루는 세포는 유전자가 같기 때문에 나의 일부다. 이들의 유전자는 모두 세포핵 안에 있다. 이 유전자는 난자와 정자가 수정한 이후 얻어진 부모의 정보를 복제한 것이다. 미토콘드리아는 자신만의 유전자를 가지고 있다. 미토콘드리아는 세포핵 외부의 기관으로 본래 번식과는 무관하다. 그렇다면 왜 미토콘드리아에 유전자가 있는 걸까? 아주 먼 옛날에는 세포핵이 없는 원핵생물, 쉽게 말해서 세균만 있었다. 20억 년 전 어느 날, 세균 두 마리가 같이 살기로 한다. 진핵세포의 탄생이다. 미토콘드리아는 원래 독립적으로 살던 세균이었으며, 그래서 자신의 유전자를 갖고 있다. 세균 한 마리가 다른 세균을 통째로 삼켰다. 어떤 이유인지 삼켜진 세균은 죽지 않고 살아남았고 결국 두 세균은 함께 살아간다. 삼켜진 세균은 삼킨 세균 내부의 물질을 이용하여 에너지를 만들어낼 수 있었는데, 이것이 바로 미토콘드리아다. 미토콘드리아는 원래 독립적으로 사는 세균이었기에 자신의 유전자를 가지고 있는 것이다. 미토콘드리아도 삼킨 세포의 보호를 받고 먹이도 공짜로 얻으니 윈윈이라 할 만하다. 진핵세포를 만들어낸 위대한 공생이다.

미토콘드리아의 공생이 아름다운 협력일 거라고만 생각하면 오산이다. 세포는 자살할 수 있다. 자신에게 치명적인 결함이 있거나 심각한 감염이 일어나면 스스로 없어지는 것이 전체를 위해 좋기 때문이다. 이때 미토콘드리아를 붕괴시키는 방법이 이용된다. 미토콘드리아는 세포의 에너지공장이니까 로봇으로 비유하자면 전원을 차단하는 셈이다. 세포 스스로가 자살을 하기도 하지만 외부에서 자살하라는 명령을 받기도 한다. 세포를 죽이는 세포자살을 결정하는 것은 핵이 아니라 미토콘드리아의 유전자다. 세포자살은 다세포생물이라는 사회조직을 유지하는 공권력이다. 쓸모없는 세포가 제때 사라져주지 못하면 생명은 유지되기 힘들다. 미토콘드리아가 없었으면 애초에 다세포생물과 같이 복잡한 생명체가 탄생할 수도 없었다. 미토콘드리아라는 휴대용 에너지 유닛이 없었으면 복잡함을 유지할 충분한 에너지 공급을 할 수 없기 때문이다. 하지만 '미토콘드리아 발전소'는 원자력발전소만큼이나 위험하다. 미토콘드리아가 잘못 작동하면 '자유라디칼'이라는 것이 생성되는데, 이것이 노화를 일으키는 주범이기 때문이다. 결국 미토콘드리아 덕분에 생명이 복잡하게 진화할 수 있었으나, 그 대가로 노화와 죽음도 함께 맞이하게 된 것이다.

『미토콘드리아』는 심오하고 흥미롭지만, 자세한 내용이 많아 쉽지만은 않다. 사실 그것이야말로 이 책의 진짜 미덕이다. 답을 찾아가는 과학의 맨 얼굴을 오롯이 보여주기 때문이다. 이 책을 읽고 나면 생명과학 책이 더 읽고 싶어질 거다. 생명의 이야기가 시간여행이나 양자역학의 이중성만큼이나 경이롭다는 것을 깨닫게 될 테니까. 저자 닉 레인이 쓴 책을 모조리 사볼지도 모른다. 8년 전의 내가 그랬듯이.

물리학자가 바라본
존재의 차이, 차이의 크기

1985년 11월 2일자 《중앙일보》에는 "과학고, 여학생은 왜 안
받나"란 기사가 실렸다. 당시 첫 졸업생을 배출하기 시작한 과학고
에는 여학생이 없었다. 놀라운 일이지만 여자는 과학고에 입학 자
체가 불가능했기 때문이다. 인류가 성차별을 극복하기 시작한 지
는 얼마 되지 않는다. 여성에게 참정권이 주어진 것은 유럽에서조
차 1906년 핀란드부터이고, 미국은 1920년이 되어서다. 따라서 미
국에서는 흑인남성이 백인여성보다 먼저 참정권을 가졌다. 대한민
국은 헌법에서 여성참정권을 보장하지만, 남녀차별은 사회 전체에
오랫동안 만연해왔다.

물에 잉크 한 방울을 떨어뜨리면 잉크가 점차 퍼져서 물에 고

르게 섞인다. 밀도는 자발적으로 균일해지려 하기 때문이다. 이 현상은 열역학 제2법칙으로 설명된다. 인간의 절반은 여성이다. 하지만 필자가 1989년에 입학한 카이스트의 여학생 수는 남학생의 5%에 불과했다. 열역학 제2법칙에 따르면 여학생 수가 50%인 것이 맞다. 특별한 이유가 없는 한 남녀 비율도 어디든 고르게 되어야 하기 때문이다. 당시는 카이스트 학생의 절반 정도가 과학고 출신이었는데, 과학고 출신 여학생은 한 명도 없었다. 이것이 성비불균형 이유의 하나였으리라. 왜 그랬을까?

여성에 대한 차별은 제도뿐 아니라 문화와 의식에도 뿌리 깊이 박혀 있다. 많은 이야기들이 남성의 입장에서 기술된다. 성서의 창세기에 따르면 이브는 아담의 갈비뼈로 만들어졌다. 이는 남성이 인간의 원형이고 여성은 그로부터 만들어진 부수적 존재라는 프레임을 만든다. 하지만 이런 해석은 과학적으로도 틀린 것이다. 태아는 남성호르몬인 안드로겐에 노출되지 않으면 여성이 된다. 생물학적으로 여성이 되기 위해서는 여성호르몬인 에스트로겐이 필요하다. 하지만 이것은 젖가슴과 엉덩이를 만들고 월경 주기를 조율하는 데 필요할 뿐이다. 이런 관점에서 생각하면 인간의 원형은 여성이다. 사실 인간의 원형이 남성인지 여성인지, 혹은 성과는 무관한 것인지 그것 자체가 중요한 것은 아니다. 중요한 것은, 남성이 인간의 원형이라는 프레임이 과학적으로도 잘못된 설명이라는 거다.

'남자는 끊임없이 정자를 재생산하는 역동적 존재이고, 여자는 태어날 때 가진 난자를 소모하기만 한다. 정자는 경쟁하며 이동하는 동적인 존재이지만, 난자는 정자의 선택을 받는 수동적 존재다.' 과연 그럴까? 임신 20주째 여성 태아는 700만 개에 달하는 난자를 갖는다. 이후 난자는 끊임없이 죽어서 사춘기가 될 즈음이면 40만 개만 남는다. 난자의 죽음은 계속되며 잘해봐야 불과 450개만이 배란에 성공한다. 그 많던 난자는 다 어디로 갔을까? 이것은 자체 경쟁을 거쳐서 최상의 난자만을 남기는 과정이다. 정자 역시 치열한 경쟁을 거쳐 수정에 이르게 되지만, 잘해야 몇 시간의 경쟁일 뿐이다. 난자는 날 때부터 죽을 때까지 경쟁한다. 태아에게 있어 정말 중요한 것은 난자이기 때문이다.

진화의 역사에서 유성생식은 특별하다. 유성생식이란 서로 다른 성을 가진 개체가 만나 각자의 유전자를 절반씩 기여하여 자손을 남기는 생식방법이다. 유전자는 자신을 최대한 많이 남기고 싶어 한다. 그렇다면 그 자신을 있는 그대로 복제하는 것이 최선이다. 유성생식은 잘해봐야 유전자의 절반을 남길 수 있을 뿐이다. 절반이라도 제대로 남기려면 우선 유성생식을 할 상대를 구해야 한다. 남성과 여성의 문화적 역사적 의미를 찾기 이전에 과학적 원칙은 간단하다. 남녀는 유전자를 남기기 위해 서로를 필요로 한다.

남성은 정자를 제공할 뿐 임신하는 것은 여성이다. 이 때문에 번식을 하는 데 있어 남성과 여성은 대단히 불평등한 지위를 갖는다. 아기는 남녀의 유전자를 절반씩 가지고 있는데, 9개월을 생고생하는 것은 여성만의 몫이기 때문이다.

지난 수십 년간 우리 사회는 성차별을 없애기 위해 많은 노력을 기울여왔다. 하지만 그 반작용인지 이제는 여성에 대한 차별을 넘어 혐오까지 넘쳐나고 있다. 돌이켜보라. 역사는 남성이 생물학적으로 불리한 여성의 지위를 이용하여 착취한 이야기라고 볼 수도 있다. 어차피 유전자는 똑같이 절반을 남긴다. 번식 과정에서 여성의 희생이 크다면 남성이 남녀관계에서 손해를 보는 것이 당연하다고 생각하는 것은 어떨까?

인류의 근현대사는 인간 평등의 범위를 확대하는 투쟁의 역사다. 그런데 인간이 왜 평등해야 하냐고 묻는다면 당신은 대답할 수 있을까? 마이클 샌델의 『정의란 무엇인가』를 보면 이런 질문에 답하는 것이 얼마나 어려운지 알 수 있다. 필자는 전문가가 아니니까 오히려 용감하게 답할 수 있을 거다. 모든 인간이 평등한 이유는 생물학에서 답을 찾을 수 있지 않을까? 각 개인이 가진 문화적, 사회적 겉모습을 벗고 벌거벗은 호모사피엔스로 섰을 때, 대기업 CEO와 지하철 정비노동자 사이의 차이를 말하기는 쉽지 않을 거다.

유전자 수준으로 가서 보면 차이를 구분하기 더욱 힘들어진다. 모든 인간의 유전자는 다른 사람과 평균적으로 99.5% 정도 같다고 한다. 유전자만 보아서는 두 사람을 차별할 근거를 찾기 힘들다는 의미다. 유전자까지 오면 인간과 침팬지 사이의 평등도 문제가 된다. 침팬지의 유전자는 인간과 99%가 같다. 참고로 남자와 여자도 유전자의 99%가 같다. 인간의 평등이 생물학적인 근거 때문이라면, 우리는 이제 평등의 범위를 다른 생물종으로 넓혀야 할 시점이 온 것인지도 모른다.

크기가 말하는 것
『이상한 나라의 앨리스』

  문학에서 가장 유명한 변신은 사람을 사람 크기의 벌레로 바꾸는 거였다. 생물학적으로 사람과 벌레의 차이는 크지 않다. 둘 다 많은 세포들이 모인 것에 불과하다. 물리적으로 이런 변신은 원자의 재배치다.

  루이스 캐럴의『이상한 나라의 앨리스』는 변신에 대한 훌륭한 텍스트다. 사실 앨리스는 쉴 새 없이 변신한다. 벌레로 바뀌는 것은 아니고, 크기가 작아졌다 커졌다 한다. 고작 크기가 바뀌는 것이 변신이냐고 할 사람도 있을 거다. 자연은 크기에 따라 다른 물리학을 필요로 한다. 우리가 사는 크기의 세상은 뉴턴이 만든 고전역학으로 기술된다. 원자의 크기가 되면 양자역학이 필요하다. 여기서는 하나의 원자가 동시에 두 장소에 존재하는 마술을 부린다. 우주적 규모가 되면 일반상대성이론이 필요하다. 이제 무거운 물체가 시공간을 비틀고 휘어놓는다. 이들 사이의 경계는 여전히 미스터리다. 물리학에서 크기를 바꾸다 보면 국경검문소를 만난다는 뜻이다.

크기는 물리에 불과하지 않다. 예술에 있어서도 크기는 절대적 변수다. 도쿄 오다이바에 실물 크기의 건담 로봇이 전시된 적 있었다. SF 애니메이션의 소재에 실물이라는 말을 붙인 것이 우습지만, 막상 16미터 높이의 실물을 보면 숨이 탁 막힌다. 솔직히 눈물도 조금 났다. 도쿄 하라 미술관의 사진전에서도 비슷한 경험을 했다. 크게 확대한 누드사진이 있었다. 흥미롭게도 나체를 그렇게 거대한 규모로 보니 속이 불편해지는 느낌이 들었다. 집채만 한 기니피그를 상상해보면 느낌이 올 거다.

앨리스도 크기가 자신의 정체성과 관계있다는 사실을 알고 있었다. 작아진 앨리스에게 애벌레가 "넌 누구냐?" 하고 묻자, 앨리스는 "저도 저를 잘 모르겠어요. 아시다시피 지금 저는 제가 아니거든요"라고 답한다. 앨리스는 자신의 키가 자꾸 바뀌어서 헷갈린다며, 애벌레에게 번데기가 되었다가 나비가 되었다 하니 별난 기분이 들지 않느냐고 묻는다. 애벌레는 한마디로 대답한다. "아니, 전혀." 애벌레라면 변태變態보다 크기 변화가 더 어렵다는 필자의 주장에 동의할 거다.

앨리스는 수시로 몸의 크기를 바꾼다. 앨리스의 입장에서 크기가 변하는 것은 대단히 불편한 일이다. 몸이 커져서 문을 통과하지 못하거나 집 전체에 몸이 가득 차서 옴짝달싹 못 하기도 한다. 몸이 원래부터 컸으면 들어가지도 않았을 테니 이런 문제들의 근원은 크기 그 자체가 아니라 크기의 변화에 있다.

크기가 변한다고 할 때, 보통 우리는 전체적으로 균일하게 증가하거나 감소하는 것을 상상한다. 하지만 그렇지 않을 수도 있다. 애벌레와 헤어진 후 앨리스의 몸은 다시 커진다. 목만 길게 늘어나 머리가 하늘 높이 올라간다. 앨리스를 본 비둘기는 뱀이라며 기겁하고, 앨리스는 부인한다. "나, 나는 여자애야." 비둘기가 비웃는다. "너 같은 목을 가진 애는 하나도 없었어. … 넌 지금까지 한 번도 알을 먹어본 적이 없다고 발뺌하겠지?" 앨리스는 너무 정직하게 답한다. "물론 먹어봤어. 다른 여자애들도 뱀이 먹는 것만큼이나 많은 알을 먹잖아." 비둘기가 "그게 사실이라면 다른 여자애들도 일종의 뱀이겠다"라며 몰아붙이지만, 명제의 역^逆은 참이 아니다.

크기 변화야말로 중대한 변신이라고 이야기했지만, 그럴수록 뒤집어보고 싶은 욕망이 생기는 것이 물리학자의 속성이다. 만약 다른 것은 몰라도 오직 크기 변화만 맘대로 할 수 있는 세상이라면 어떤 일이 일어날까? 여기서는 책상과 유리병이 같다. 책상의 다리를 줄이면 널빤지같이 된다. 유리병도 입구를 늘려서 쫙 펴면 널빤지같이 된다. 하지만 구멍이 있는 도넛은 책상과 다르다. 책상을 늘리고 줄여서, 없는 구멍을 만들 수는 없기 때문이다. 궤변 같지만 '위상수학'이라 불리는 수학의 한 분야다. 위상수학에서 크기 변화는 아무것도 하지 않은 것과 같다.

그렇다면 아무 일도 아닌 걸로 이런 궤변을 늘어놓은 내가 미워질지 모르겠다. 물론 내가 갑자기 입장을 바꾸는 변신을 할 수도 있다. 당신의 성난 표정을 보니 지금 내 몸을 10배 크게 만들고 싶다. 아무래도 당신이 나를 여왕의 재판에 회부할 거 같다. 재판정에서는 앨리스의 재판이 이루어지는 중이다. 앨리스의 변신은 유죄다. 여왕의 판결이다. "저 아이의 목을 쳐라." 다음은 내 차례다. 나는 무섭지 않다. 저들은 카드 묶음에 불과하니까.

존재의 크기에 관하여

'위상수학'이란 무엇인가

　신발을 벗지 않은 채로 양말만 벗는 것이 가능할까? 이론 물리학자로서 진지하게 말하자면 답은 '그렇다'다. 다만, 양말이 위상수학의 적용을 받는다는 가정이 필요하다. 위상수학이란 대상을 마음대로 늘리거나 줄여도 변하지 않는 성질을 다루는 분야다. 러닝을 예로 들어보자. 러닝에는 구멍이 세 개 있다. 하나에는 목이 들어가고 나머지 둘에는 팔이 들어간다. 러닝의 어깨 부분을 주욱 늘려보자. 팔 길이보다 길게 늘리면 팔을 벗어난 셈이다. 몸통에 걸린 부분을 늘렸다 줄였다 하며 위로 이동시키면 팔과 목을 차례로 지나 머리를 통해 러닝은 위로 빠져나가게 된다.

위상수학의 관점에서 보면 우리가 입은 옷들에 대해 안과 밖을 말하는 것은 무의하다. 귤같이 껍질을 까야 내용물을 볼 수 있는 경우 안과 밖이 존재한다. 옷은 그냥 순서대로 포개어놓은 거다. 단지 옷이 충분히 늘어날 수 없기에 안과 밖이 있는 것처럼 보일 뿐이다. 늘어난 옷을 좋아하는 사람은 없으니까 말이다. 신발을 신은 채로 양말을 벗는 것도 마찬가지로 가능하다. 위상수학의 입장에서는 (뚜껑이 없는) 콜라병과 A4 용지는 같다. 콜라병의 주둥이 부분을 좌악 벌려서 아래로 내리며 펼치면 편평한 판같이 만들 수 있다. 그런 다음 두께를 줄이고 적당히 사각형으로 만들면 A4 용지같이 된다.

축구공, 농구공, 탁구공, 비치볼은 위상수학 입장에서 모두 같다. 하지만 도넛은 이들과 다르다. 구멍이 하나 있기 때문이다. 구멍이 있는 것을 아무리 늘리고 줄여도 구멍을 만들거나 없앨 수 없다. 따라서 공과 도넛은 위상수학적으로 다르다. 도넛은 수영 튜브나 팔찌와 같다. 위상수학에서 구멍의 개수가 다른 것은 서로 다르다.

인간의 배아도 발생 과정에서 공에서 도넛으로의 위상수학적인 변화를 겪는다. 이게 무슨 뚱딴지같은 소리일까? 정자와 난자가 수정하면 수정란이 된다. 그 이후 가장 중요한 단계는 공 모양의 배아가 구멍을 만들어 도넛 모양이 되는 것이다. 나중에 구멍의 한쪽 입구는 입이 되고 다른 쪽 입구는 항문이 된다. 누누이 강조했듯이 이것은 위상수학적인 변화이기 때문에 늘리거나 줄이는 것으로는 실현 불가능하다. 즉, 세포의 일부가 죽어서 없어져야 한다. '아폽토시스'라 불리는 세포자살이 반드시 필요한 이유다.

상상을 초월하게 차갑고(섭씨 영하 270도 이하) 무지하게 얇은(A4 용지 두께 1만 분의 1 이하) 물질에서도 위상수학이 중요한 역할을 한다. 물질에 자기장을 가하면 전기전도도(전기를 통하는 정도)가 대개 연속적으로 바뀐다. 하지만 이 경우는 자기장을 변화시켜도 전기전도도가 변하지 않고 일정하게 유지된다. 더구나 특정한 자기장들에서만 갑자기 두 배, 세 배로 커진다. 양자홀효과라 불리는 상태다. 위상수학을 물리학에 도입해 2016년 노벨물리학상을 받은 수상자들은 이런 물질 상태의 전기전도도가 위상수학적인 특성을 가진다는 것을 보였다. 전기전도도가 구멍의 개수와 비슷한 역할을 하는 거다. 그렇다면 이런 특성은 구멍의 개수가 바뀌지 않는 어떤 종류의 변형이나 간섭에도 영향을 받지 않는다. 실제 양자홀효과는 고체의 종류나 불순물, 소자구조 등의 세부사항에 상관없이 일어나는 보편적 현상이다.

인생을 살아가며 지켜야 할 중요한 가치들을 위상수학적 구멍의 개수에 비유할 수도 있다. 구멍의 개수를 유지할 수 있다면 어떤 변형도 받아들이며 자유롭게 살아보는 것은 어떨까? 위상수학적으로는 모두 동등한 삶이다. 삶의 겉모습을 몇 배로 늘리는 것에는 집착하면서 정작 바꿀 수 없는 인생의 가치에 무관심했던 것은 아닐까? 나에게 있어 결코 포기할 수 없는 인생의 가치는 무엇일까? 위상수학이 우리에게 던지는 질문이다.

2부

시간을 산다는 것,
공간을 본다는 것

세계를 해석하는 일에 관하여

미래를 아는 존재에게 현재를 산다는 것

과거와 미래가 함께 인식된다면

"최초의 획을 긋기도 전에 문장 전체가 어떤 식으로 구성될지 미리
알고 있어야 한다는 뜻이다."

테드 창의 소설 『네 인생의 이야기』에 나오는 문장이다. 영화
〈컨택트〉의 원작이기도 하다. 어느 날 하늘에 거대한 외계비행선
이 나타나고, 사람들은 외계인들을 '헵타포드'라고 불렀다. 하지
만 그들의 언어를 전혀 이해할 수 없었고, 대화하려는 시도는 난

항을 거듭한다. 인용한 소설의 구절은 헵타포드의 언어에 대한 설명이다.

인간과 헵타포드는 다른 방식으로 우주를 이해한다. 인간은 시간의 한순간만을 볼 수 있지만 헵타포드는 과거와 미래를 한꺼번에 본다. 인간에게 과거는 기억 속에만 존재하고 미래는 아직 오지 않은 것이지만, 헵타포드에게는 과거뿐만 아니라 미래마저 생각 속에 이미 한꺼번에 존재한다. 그들은 정보를 전달하기 위해서가 아니라 이미 정해진 사건을 현실화하기 위해 언어를 쓴다. 말도 안 되는 듯 들리겠지만, 헵타포드의 인식 틀에 대한 이런 설정은 물리학적인 근거를 가지고 있다. 헵타포드를 만든 작가 테드 창은 대학에서 물리학을 전공하기도 했다.

뉴턴의 운동법칙은 아주 짧은 시간 동안 일어나는 속도의 변화를 기술한다. '0'보다는 크지만 '0'이나 다름없는 짧은 시간, 그러니까 무한히 '0'에 가까워지지만 '0'이 되지는 않는 그런 짧은 시간 간격 말이다. 이런 짧은 시간 동안의 변화율을 미분이라 부른다. 변화를 일으키는 원인은 '힘'이다. 힘이 원인으로 작용하여 가속이라는 결과를 만들어낸다. 이처럼 짧은 시간 간격으로 촘촘히 이어지는 인과율의 연쇄는 뉴턴역학을 이해하는 핵심적인 사고의 틀이다. 우주는 이렇게 한 치의 오차도 없이 톱니바퀴처럼 정해진 미래를 향해 굴러간다.

19세기 중반 윌리엄 해밀턴은 운동법칙을 기술하는 새로운 원리를 제시한다. 물체는 '어떤 물리량'을 최소로 만드는 경로를 따라 움직인다는 것이다. 자유낙하 하는 물체를 생각해보자. 뉴턴의 관점에 따르면 물체를 손에서 놓는 순간, 물체는 중력에 의해 가속되어 수직으로 낙하하기 시작한다. 시간이 지남에 따라 낙하 속도는 점점 빨라진다. 하지만 해밀턴의 관점에서는 이렇다. 물체는 여러 경로와 과정을 거쳐 땅바닥에 도달할 수 있다. 원형의 경로나 하트 모양의 경로를 따라 낙하하거나, 직선으로 떨어지더라도 처음에 빨랐다가 나중에 느리게 갈 수도 있고 그냥 일정한 속도로 떨어질 수도 있다. 이러한 운동경로가 주어지면, '작용량action'이라 불리는 물리량을 계산할 수 있다. 가능한 모든 경로와 과정들에 대해 이 값을 계산해보면, 이 가운데 가장 작은 값을 갖는 경우를 찾을 수 있다. 바로 이때의 경로와 과정이 뉴턴의 관점으로 구한 운동과 정확히 같다. 그래서 그렇게 낙하하는 거다.

이 글만 읽어서는 뭔가 마술 같은 일이 일어난 것 같지만, 수학을 들여다보면 당연한 결과다. 마치 '2'를 세 번 더한 것이 '2 곱하기 3'과 같은 것처럼 말이다. 결국 뉴턴역학과 해밀턴역학은 물체의 운동에 대해 동일한 결과를 준다. 하지만 철학적으로 미묘한 차이가 있다. 해밀턴역학에서는 작용량을 최소로 만들려는 '경향'이 물체의 운동을 결정한다. 그래서 이것을 '최소작용의 원리'라고 부른다. 이 원리가 작동하려면 가능한 모든 미래의 경로를 미리 내 나보며 작용량을 계산해야 한다. 헵타포드는 이런 틀로 세상을 보고 있었던 거다.

어떤 이들은 최소작용의 '경향'을 '의도'로 바꾸고 싶은 유혹을 느낄 것이다. 실제 해밀턴의 아이디어는 피에르 루이스 모페르튀이에서 나온 것인데, 모페르튀이는 최소작용의 원리를 신학과 결부시켰다. 이 세상은 누군가의 의도에 의해 굴러간다는 거다. 누군가는 바로 '신神'이다.

컴퓨터와 인공지능

컴퓨터와 인공지능은 비슷해 보이지만 근본원리는 다르다. 사실 그 다름은 뉴턴역학과 해밀턴역학의 차이와 비슷하다. 컴퓨터는 기본적으로 앨런 튜링의 아이디어에서 나왔다. '0'과 '1'의 비트로 표현된 데이터를 하나씩 읽어서 정해진 규칙에 따라 순차적으로 처리할 수 있는 기계를 튜링기계라 한다. 이 순차적 작업 리스트가 알고리즘이고, 이것을 만드는 과정이 코딩이다. 튜링기계는 수학이 하는 모든 작업을 할 수 있다. 우리가 사용하는 대부분의 컴퓨터는 정확히 이런 방식으로 작동한다. 컴퓨터가 사랑을 하지 못하는 이유다. 사랑은 수학이 아니니까.

튜링기계인 컴퓨터는 뉴턴의 기계적 인과율에 따라 작동된
다. 한순간 하나의 비트를 읽어서 명령어에 따라 시간 순서로 철컥
철컥 일을 처리한다. 튜링보다 앞서 비슷한 아이디어를 생각한 사
람은 찰스 배비지였다. 배비지는 실제로 톱니바퀴를 이용해 컴퓨
터를 만들려고 했던 사람이다. 안타깝게도 당시의 기술로는 그런
정교한 기계장치를 만들 수 없었다. 컴퓨터는 뉴턴역학의 방식으
로 생각하는 기계다. 여기에 의도 따위는 없다. 알고리즘에 따라
미분방정식으로 기술된 자연법칙처럼 다음 순간을 향해 발을 내디
딜 뿐이다. 미래는 모두 다 결정되어 있다.

인공지능은 신경망을 기반으로 한다. 신경망은 인간의 뇌가
작동하는 원리를 모방한 것이다. 뇌는 뉴런이라는 신경세포들로
구성된다. 뉴런은 신호를 전기적으로 전달하는데, 보통 수천 개의
다른 뉴런들과 연결되어 있다. 이들 사이의 연결 부위는 그냥 붙
어 있는 것이 아니라 그 연결의 세기가 변할 수 있다. 우리가 기억
이라고 부르는 것은 바로 이 연결 부위가 갖는 세기들의 집합에 불
과하다. 연결 세기를 조정하여 기억을 만드는 과정을 학습이라 한
다. 뇌의 이런 특성은 인공신경망에 고스란히 반영되어 있으며 이
때문에 신경망도 학습을 할 수 있다. 학습이란 정해진 입력에 대해
원하는 출력이 나오도록 연결 세기를 조정하는 것에 다름 아니다.

최소작용의 원리와 같은 사고방식이다.

알파고의 목적은 바둑에서 이기는 거다. 바둑은 집이 많은 쪽이 이긴다. 수학적으로 말해서, 나와 상대가 가진 집 차이를 최대로 만드는 경향으로 움직이는 기계다. 이를 위해 알파고는 모든 가능한 미래를 미리 가보며 집의 차이를 계산한다. 그 차이가 최대가 되는 경로가 나오도록 연결망의 결합 세기를 조정하는 것이다. 그렇다면 이걸 알파고의 의도라고 불러야 할까? 알파고를 만든 인간의 의도가 알파고에 의해 발현된 것이라고 해야 할까? 그렇다면 인간의 의도는 또 다른 존재의 의도에서 온 것인가?

우연과 필연

"과학은 객관적이어야 한다. 현상을 설명하는 데 어떤 목적인目的因이나 의도를 끌어들여서는 참된 인식에 도달하지 못한다. 따라서 이런 것들은 체계적으로 거부해야 한다."

생물학자 자크 모노가 『우연과 필연』에서 한 말이다. 그는 생명체의 구조나 그것이 활동하는 모습을 보면, 어떤 의도를 추구하는 것으로 보인다고 말한다. 날아다니는 벌을 보라. 이들은 꿀을

구할 목적으로 꽃을 찾고, 동료들에게 위치를 알려주기도 한다. 자연법칙이 이러한 의도를 어떻게 설명할 수 있을까? 자연에 의도가 있다는 생각은 근대과학의 기본 태도와 정면으로 배치된다.

우주에 의도가 있다고 하면 모든 과학적 난제가 일거에 해결된다. 우주는 왜 생겨났나? 신의 의도 때문이다. 인간은 왜 존재하나? 신이 원해서다. 고온초전도현상은 왜 존재하나? 신이 그런 현상이 있기를 바라기 때문이다. 실제 많은 문명이 이런 식으로 이해할 수 없는 문제에 답을 해왔다. 우리도 뭔가 이해 안 되는 일이 벌어지면 하늘의 뜻이라고 하지 않았던가. 서양의 근대과학이 특별한 것은 바로 신의 의도를 제거하고 세상을 이해하려 시도했다는 점이다.

그렇다면 생명이 보여주는 생존의 욕구, 더 많은 자손을 남기려는 의도는 과연 무엇인가? 이에 대해서 현재 우리가 가진 과학적인 답은 '진화론'이다. 진화에는 의도가 없다. 주사위 던지듯이 무작위로 모든 가능성이 펼쳐진다. 검은색 나방도 나오고 흰색 나방도 나온다. 세상이 밝을 때는 흰색 나방만 살아남는다. 흰 바탕에 검은 나방은 포식자인 새의 눈에 잘 띄기 때문이다. 세상이 어두워지면 검은색 나방이 살아남는다. 이런 식으로 조금씩 환경에 적응하려고 애쓰는 과정에서 인간과 같이 고도로 복잡한 생명체마저 나올 수 있다. 우리가 하는 모든 행위들도 적응하여 살아남기 위해 선택된 행동일 뿐이다. 그것에 대해 의도라고 부르는 것은 마치 알파고가 이길 의도로 바둑을 두었다는 것과 비슷한 말이다. 진화론의 시각에서 생명은 우연의 산물이다. 우리가 필연이라고 부르는 것은 일어난 사건에 대해 그렇게 해석을 하는 것뿐이다.

원자를 설명하는 양자역학은 뉴턴역학과 사뭇 다른 방식으로 세상을 설명한다. 양자역학에서는 더 이상 뉴턴역학과 같이 결정된 미래란 존재하지 않는다. 인과율이 깨지는 것은 아니지만 모든 것이 인과율의 지배를 받는 것도 아니다. 뉴턴역학에서는 물체의 위치를 정확히 알 수 있으나 원자의 위치를 정확히 아는 것은 원칙적으로 불가능하다. 그렇다고 양자역학이 불가지론은 아니다. 특정 위치에서 원자가 발견될 확률은 알 수 있다.

확률만을 알려준다는 것은 생명과 관련하여 중요한 의미를 갖는다. 양자역학적 결과는 우연이 지배한다. 주사위를 던지면 어느 숫자가 나올지 알 수 없다. '1'이 나왔다면 '1'이 나온 이유 따위는 없다. 그냥 우연이다. 하지만 우리는 '1'이 나온 것에 의미를 부여하고 싶어진다. '1'이 나온 것은 신의 의도가 아닐까? 그렇게 주장한다고 해도 반박하기는 쉽지 않다. 사실, 있는 것은 보여줄 수 있어도 없는 것을 보여주기는 불가능하다. 마찬가지로 신이 없다는 것을 증명하기는 힘들다.

자크 모노의 생각은 이렇다. 생명현상도 물리법칙의 지배를 받는다. 물리법칙은 원자 수준에서 확률만을 알려준다. 생명도 이 확률 법칙의 지배를 받으며 살아간다. 수많은 가능성 가운데 왜 특정 사건이 일어난 것인지 이유를 설명할 수 없다. 주사위를 던져 왜 하필 '1'이 나왔냐고 묻는 거랑 비슷하다. '1'은 가능한 사건 중의 하나일 뿐이다. 이처럼 진화는 우연히 일어난다. 우연으로 선택된 수많은 사건의 연쇄에 의미를, 아니 더 나아가 의도를 부여할 수도 있다. 이렇게 우연은 필연이 된다. 하지만 거기에 의미가 있는 것은 아니다.

소설에서 헵타포드는 과거와 미래를 한꺼번에 본다. 마치 해밀턴역학의 물체가 모든 가능성을 한꺼번에 펼쳐놓고서 최선의 결과를 찾아가듯이 말이다. 그렇다면 헵타포드는 왜 사는 걸까? 소설의 주인공은 헵타포드를 만난 후 그들의 언어를 알게 된다. 그들의 언어를 익혔다는 건 미래를 알 수 있게 되었다는 의미다. 주인공은 그의 옆에 있는 연인이 언젠가 그를 떠나리라는 것을 알고, 태어날 아이가 병으로 일찍 죽으리라는 것을 안다. 그렇지만 살아간다. 그들을 사랑하며 현재를 산다. 미래를 다 아는 존재에게 현재를 산다는 것은 무슨 의미일까? 소설에서 작가는 이렇게 설명한다. "어떤 대화가 되었든 헵타포드는 대화에서 무슨 말이 나올지 미리 알고 있었다. 그러나 그 지식이 진실이 되기 위해서는 실제로 대화가 행해져야 했던 것이다."

미래를 다 아는 존재에게 현재를 산다는 것은 무슨 의미일까? 소설
에서 작가는 이렇게 설명한다. "어떤 대화가 되었든 헵타포드는 대
화에서 무슨 말이 나올지 미리 알고 있었다. 그러나 그 지식이 진실
이 되기 위해서는 실제로 대화가 행해져야 했던 것이다."

물리학에는 세상을 보는 두 가지 관점이 있다. 하나는 지금 이 순간의 원인이 그다음 순간의 결과를 만들어가는 식으로 우주가 굴러간다는 것이고, 다른 하나는 작용량을 최소로 만들려는 경향으로 우주가 굴러간다는 거다. 두 방법은 수학적으로 동일하다. 동일한 결과를 주는 두 개의 사고방식인 것이다. 후자에 대해 우주의 '의도'라고 부르고 싶은 것은 신의 존재를 믿는 인간의 본성일지 모르겠다. 하지만 그것은 일어난 일을 인간이 해석하는 방법일 뿐이다. 두 경우 모두 세상은 수학으로 굴러간다. 수학에 의도 따위는 없다.

확실한 예측은 오직

과학적 결정론

누구나 미래를 알고 싶어 한다. 예로부터 미래를 예측하는 행위는 신성한 것이었다. 역사에는 미래를 함부로 예측하다가 목숨을 잃은 불행한 사람의 이야기가 넘쳐난다. 선사시대에 기상이나 천체 현상에 대한 예측은 '최초의 과학자'였던 제사장들이 갖는 힘의 원천이었다. 일식이나 월식의 예측은 그 자체로 신의 권위를 가졌다. 왕이 제사장을 필요로 한 이유다. 별들의 운동을 이해하는 것은 지극히 정치적인 행위였으며, 천문학은 가장 중요한 과학이었다.

시간에 따른 천체의 위치 변화를 정확히 관측하고 기술하려는 노력은 프톨레마이오스, 케플러, 갈릴레오를 거쳐 뉴턴에 이르러 완벽의 경지에 이르게 된다. 뉴턴이 만든 역학은 별들의 운동을 기술하는 수학적 도구였다. 천왕성의 궤도가 뉴턴의 이론에 부합하려면 천왕성 바깥에 다른 행성이 존재해야만 했다. 1846년 마침내 천왕성 바깥에 행성이 발견된다. 태양계 마지막 행성인 해왕성이다. 뉴턴역학의 눈부신 성공은 인간이 우주를 이해하고 미래를 예측할 수 있다는 자신감을 주기에 충분했다. 뉴턴은 계몽주의의 진정한 스타였다.

뉴턴역학은 천체의 운동만 기술한 것이 아니다. 뉴턴역학의 진정한 가치는 그것이 천상과 지상의 운동을 하나로 통합했다는 데 있다. 천체의 운동은 상당히 정확하게 기술할 수 있는데, 지상의 운동도 그렇게 기술하는 것이 가능할까? 1814년 피에르 시몽 라플라스는 자신의 이름을 딴 도깨비를 제안했다. 우주에 존재하는 모든 물체의 위치와 속도를 아는 '도깨비'가 있다면, 이 도깨비는 뉴턴역학을 이용해 우주의 미래를 완벽하게 예측할 수 있다는 생각이다. 사실 도깨비의 존재 유무와 상관없이 우주의 미래가 정해져 있다는 생각이 중요하다. 이런 우주에 자유의지는 없다. 바로 과학적 결정론이다.

뉴턴역학은 왜 결정론으로 귀결될까? 법칙이 존재한다고 늘 결정론으로 이어지지는 않는다. '진화론'이라는 자연법칙은 미래에 대해 아무것도 알려주지 못한다. 뉴턴역학의 결정론적 성격은 그 수학적 구조에서 기인한다. 바로 미분방정식이다. 어느 한 순간의 물체의 위치와 속도를 알면, 다음 순간의 위치와 속도를 알 수 있다는 것이 핵심 아이디어다. 한 발 내딛을 수 있는 로봇을 생각해보자. 이 로봇은 한 발씩 반복하여 내딛어서 어디든 갈 수 있다. 뉴턴법칙이 기술하는 우주는 이렇게 스스로 굴러간다.

뉴턴법칙에 따른 규칙은 크게 선형線型과 비선형非線型의 두 종류로 나뉜다. 선형의 경우 규칙이 단순하여 미래예측이 쉽다. 한 번에 1미터씩 움직이는 사람은 100번이 지나면 100미터 위치에 있을 것이다. 입력에 정비례하여 출력이 커지는 것을 의미한다. 정비례 관계를 그래프로 그리면 직선이 나오기에 붙은 이름이다. 하지만 비선형의 경우는 다르다. 이 경우 막상 계산을 해보면 숫자가 규칙성 없이 무작위로 나온다는 것을 알게 된다. 따라서 100번째까지 차례대로 일일이 직접 계산해보기 전에 100번째 위치를 아는 것은 불가능하다. '카오스'가 일어나기 때문이다. 카오스는 말 그대로 예측하기 힘든 복잡한 운동을 말한다.

100번째 위치는 분명 결정되어 있는데 예측하는 것이 불가능하다. 결정되어 있으니 누가 하든 차례차례 계산기로 두들겨보면 동일한 숫자를 얻는다. 내일 계산한다고 결과가 바뀌는 것도 아니다. 여기서 우리는 매우 미묘한 문제와 마주하게 된다. 정해져 있는데 알 수 없다는 것이 무슨 말일까? 우리는 종종 '동전 던지기'로 운명을 결정한다. 앞면이 나올지 뒷면이 나올지 모르기 때문이다. 동전이 손을 떠나는 순간 결과는 정해진다. 뉴턴역학의 결정론이다. 그런데 왜 결과를 모를까? 중력하에서 날아가는 물체의 운동에 불과한데 말이다.

앞에서 이미 보았듯이 법칙이 있다고 해서 결과를 언제나 예측할 수 있는 것은 아니다. 선형의 경우는 예측 가능하지만 비선형은 그렇지 않다. 비선형이라고 모두 카오스는 아니다. 하지만 선형에서는 절대 카오스가 나올 수 없다. 자연의 운동은 대부분 비선형이다. 대부분의 운동을 '비선형'이라고 표현하는 것은 선형 중심의 생각이다. 마치 모든 동물을 '비非인간'이라고 부르는 것과 같다.

나비효과

질문으로 돌아가자. 카오스에서는 왜 정해진 미래를 예측하는 것이 불가능할까? 카오스를 보이는 물리계는 초기조건의 작은 변화에 민감하게 반응한다. 이제는 널리 알려진 '나비효과'다. 동전을 던질 때 앞면인지 뒷면인지를 예측하려면 동전이 손을 떠나는 순간 동전의 초기조건을 알아야 한다. 동전의 위치, 속도, 동전이 기울어진 각도 등이 그것이다. 뉴턴방정식은 이 초깃값들에서 시작하여 한 발짝씩 움직여 최종적인 결과에 이른다. 만약 최종 결과가 초기조건에 따라 대단히 민감하게 변한다면 어떻게 될까? 얼마나 민감해야 대단히 민감한 걸까? 여기서 우리는 지수함수라는 것을 만나게 된다. 지수함수란 2^x같이 거듭제곱의 형태로 주어진 함수다.

오늘은 10원, 내일은 20원, 다음 날은 40원, 이런 식으로 두 배씩 돈을 받는다면 두 달째 되는 날 받을 돈은 얼마일까? 576경 4,607조 5,230억 3,423만 4,880원이다. 지수함수의 위력이다. 카오스는 초기조건에 지수함수적으로 민감하다. 초기조건이 눈곱만큼만 바뀌어도 그 효과는 금방 은하계의 크기로 커질 수 있다. 뒤집어 말하면 동전 던지기 결과를 정확히 예측하기 위해서 100경분의 1미터의 정확도로 초기 위치를 알아야 할지도 모른다는 의미다. 그러려면 중력파 검출에 사용된 라이고가 필요하다. 라이고는 인간이 만든 최고의 정밀 측정 장치로 1밀리미터의 1경 분의 1의 길이를 잴 수 있다. 1경은 '1' 뒤에 '0'이 16개 붙은 숫자다. 결국 예측 불가능하다는 의미다.

〈나비효과〉는 시간여행을 다룬 영화다. 주인공은 원하는 미래를 만들기 위해 자꾸 과거로 돌아간다. 과거를 조금 바꾸면 미래가 원하는 대로 되리라는 희망 때문이다. 하지만 상황은 언제나 예기치 못한 파국으로 치닫는다. 초기조건에 민감한 물리계는 예측이 불가능하기 때문이다.

카오스에서 엔트로피로

카오스의 메시지는 무엇일까? 간단한 법칙에서도 예측 불가능한 복잡함이 나올 수 있다는 것이다. 복잡함의 근원이 반드시 복잡함일 필요는 없다. 동전 하나를 던지는 것에서도 예측하기 어려운 복잡함이 일어날 수 있다. 만약 동전 100만 개를 한꺼번에 던지면 어떨지 생각해보자. 100만 개 가운데 하나의 동전이 어떻게 될지를 추적하는 것은 하나의 동전만 던졌을 때보다 훨씬 더 예측이 어렵다. 100만 개의 동전들이 서로 충돌하며 더욱 복잡한 운동을 만들어낼 것이기 때문이다. 조금 다른 각도로 보자. 100만 개 동전을 일일이 추적하는 것은 불가능하지만, 동전들의 '분포'를 예측하는 것은 가능하다.

초기에 100만 개의 동전을 모두 앞면이 되도록 바고 동시에 던져보자. 동전들은 서로 부딪히며 복잡한 운동을 할 테니 장관일 것이다. 결과에 대해 한 가지 분명한 사실이 있다. 누가 하든 상관없이 대략 50만 개는 앞면, 50만 개는 뒷면이 나올 것이라는 것이다. 사실 동전들의 초기조건에 큰 상관 없이 이런 결과가 나온다. 물론 정확히 50만 개는 아니지만 50만에서 크게 벗어나지는 않는다. 수학적으로 오차 범위는 대략 1,000개를 넘지 않는다. 이는 전체 동전의 0.1%에 불과하다. 이 정도 오차를 무시한다면 우리의 예측은 상당히 정확한 셈이다. 이처럼 문제를 바라보는 층위를 달리하면, 예측 가능성도 달라진다.

동전의 수가 많으면 많을수록 평균에서 벗어나는 사건의 비중이 점점 작아진다. 이렇게 우리는 통계물리학의 영역으로 들어서게 된다. 앞면 50%, 뒷면 50%라는 통계적인 결과를 얻으려면 동전이 서로 부딪히며 복잡하게 운동해야 한다. 만약 모든 동전이 단순히 두 바퀴 돌고 멈춘다면, 모든 동전은 초기조건 그대로일 것이다. 그렇다면 통계적·확률적 예측은 틀린 것이 된다. 동전이 서로 부딪히지 않더라도 각자가 카오스를 보이며 움직이면 어떻게 될까? 비록 우리는 똑같은 조건으로 동전을 던진다고 생각하겠지만 카오스의 지수함수적인 민감성을 잊지 말아야 한다. 그렇다면 각 동전은 서로간의 작은 차이를 지수함수적으로 벌려가며 제각각 복잡한 운동을 할 것이다. 그렇다면 결과적으로 '50 대 50'의 결과를 다시 얻을 수 있지 않을까? 답은 '그렇다'다. 아이러니하게도 카오스가 통계적 예측 가능성을 보장할 수 있다는 의미다.

카오스가 있다면 초기조건에 상관없이 동전들은 결국 '50 대 50'이라는 통계적 결과로 간다. 이것도 법칙이라면 법칙이다. 법칙이 미래에 대한 예측과 관련이 있는 것이라면 이것도 분명 정확한 예측의 하나가 아닌가. 그런데 이런 예측은 뉴턴역학의 예측과는 조금 다르다는 느낌이 든다. 이 예측을 보장해주는 것은 무엇일까? 모두 앞면이었던 동전들이 복잡하게 운동하고 나면 결국 앞면 50%, 뒷면 50%로 간다는 것을 말해주는 방정식이 있을까? 이제 우리는 예측의 새로운 국면에 들어섰다.

자연이 확률적으로 가장 그럴 법한 상태로 진행해야 한다는 것을 '열역학 제2법칙'이라 부른다. 이 과정을 정량적으로 표현하면 "엔트로피는 증가할 뿐이다"가 된다. 엔트로피가 증가한다는 것은 통계적으로 가장 자연스러운 상태로 진행한다는 의미다. 이 과정에 카오스가 일어나고 있으며, 지수함수적으로 빠르게 초기조건에 대한 정보가 사라진다. 그래서 엔트로피는 무지의 척도다. 통계적 상태에 도달하면 초기조건에 대한 기억은 모두 잃어버리게 된다. 그것이 확률적으로 가장 그럴 법한 상태이기 때문이다.

뉴턴은 우주에 법칙을 주었다. 하지만 그 법칙은 예측 가능성까지 보장하지 않았다. 그럼에도 히 가지 이 신한 세특이 있다. 엔트로피는 증가만 한다는 것. 그래서 우리는 내일로 갈 수는 있어도 어제로는 갈 수 없다. 분명히 그러하다.

한 가지 확실한 예측이 있다. 엔트로피는 증가만 한다는 것.
그래서 우리는 내일로 갈 수는 있어도 어제로는 갈 수 없다.

어제가 다시 오지 않는 이유

시간의 방향

시간은 왜 한 방향으로만 흐를까? 아무 일도 하지 않고 가만히 있어도 내일은 온다. 하지만 무슨 짓을 해도 어제가 돌아오지는 않는다. 과학이라면 이런 당연한 자연현상을 설명할 수 있어야 할 거다. 이 문제에 대한 답을 구하려면 다시 물리학의 아버지 뉴턴에서 시작해야 한다. 뉴턴이 살았던 17세기 사람들에게 시간은 어떤 것이었을까? 해가 뜨면 하루의 시간이 시작된다. 여름에는 시간이 길고 겨울에는 짧다. '시時', '분分' 같은 개념은 거의 쓰이지 않았다. "점심 먹을 때 만나자" 정도의 정확도면 충분했기 때문이다. 천문학자쯤 되어야 지구의 자전이나 공전궤도상 위치로 '연/월/일/시/분' 같은 시간을 말할 수 있었다.

뉴턴은 일상적이지도 천문학적이지도 않은 수학적이고 추상적인 '절대시간'을 제안하였다. 시간이 세상과 상관없이 우주 어딘가에 존재하는 숫자가 된 것이다. 뉴턴은 그가 제안한 절대시간으로 운동법칙을 썼다. 원리적으로 그의 법칙은 모든 운동을 설명할 수 있다. 그렇다면 시간이 왜 한 방향으로만 흐르는지도 설명할 수 있을 터였다. 하지만 뉴턴의 운동법칙에서 시간의 방향은 의미를 갖지 못한다는 사실이 밝혀진다. 뉴턴의 운동방정식은 시간의 방향을 바꾸어도 똑같은 형태를 갖기 때문이다. 즉, 그의 법칙만으로는 시간이 한 방향으로 흘러야 할 이유를 찾을 수 없었다.

이는 뉴턴의 운동법칙에만 존재하는 문제는 아니다. 전자기법칙, 양자역학, 상대성이론 등 이후 발견된 모든 물리법칙들은 시간에 대해 방향성을 갖고 있지 않았다. 공이 왼쪽에서 오른쪽으로 날아간 사건에 대해 시간을 뒤집어보면 공이 오른쪽에서 왼쪽으로 날아가는 사건이 된다. 이것은 물리적으로 일어날 수 있다. 시간을 거꾸로 돌려도 문제가 없다는 의미다. 하지만 사람이 죽은 사건에 대해 시간을 뒤집으면 도저히 일어날 수 없는 일이 일어나야 한다. 물론 이런 일은 일어나지 않는다. 사람의 몸을 이루는 모든 물질을 지배하는 물리법칙들에 시간의 방향성이 없다면 죽은 사람이 살아나는 일 역시 가능한 일이어야 하는 것 아닌가? 물리학자들은 시간의 방향성이 없는 물리법칙으로 시간의 방향을 설명해야 했다.

열역학 제2법칙

'루빅스 큐브'라는 장난감이 있다. 정육면체 모양의 퍼즐인데, 모든 면을 각각 하나의 색으로 맞추는 것이 목표다. 색이 한 번 흐트러지면 어지간해서는 맞추기 힘들다. 큐브가 가질 수 있는 형태의 수는 모두 43,252,003,274,489,856,000개, 그러니까 4,000경 정도도 된다. 1초에 하나씩 형태를 바꾼다면 모든 형태를 구현하는데 1조 년이 걸린다. 우주의 나이보다 100배쯤 긴 시간이다. 무작위로 돌려서 우연히 색이 맞추어지길 기대하기는 불가능하다.

큐브를 돌리는 과정이 시간이 흐르는 것과 같다고 생각해보자. 큐브를 돌리는 방향에 제약은 없다. 시계 방향으로 돌린 것을 뒤집으려면 시계 반대 방향으로 돌리면 된다. 물리법칙에 시간의 방향성이 없다는 것은 큐브를 돌리는 방향에 아무 제약이 없다는 말과 같다. 실제로 그러하다.

큐브의 색이 맞아 있는 상태에서 시작하여 무작위로 돌리면 색이 흐트러진다. 이런 당연한 사실을 법칙이라고 부를 수 있을까? 이것도 법칙이라면, 시간이 왜 한 방향으로 흐르는지에 대한 의문은 해결된다. '큐브의 색이 맞아 있는 상태'가 '과거'이고, '큐브의 색이 흐트러진 상태'가 '미래'라고 하면 된다. 큐브를 무작위로 돌리면 과거에서 미래로만 가며, 그 반대 과정은 일어나지 않는다. 시간이 오직 한 방향으로만 흐르는 것, 이를 '시간의 화살'이라고 부른다. 운이 어마어마하게 좋아 색이 저절로 맞는 경우가 생길 수도 있지 않느냐고 질문할 수 있다. 시간이 거꾸로 갈 수도 있다는 이야기다. 그렇다면 이렇게 생각해보자. 큐브를 70억 개쯤 준비해 세상 모든 사람들에게 하나씩 나누어준다. 이들이 모두 무작위로 큐브를 돌렸을 때 70억 개의 큐브가 한꺼번에 색이 맞을 확률은 얼마나 될까? 사실 시간이 반대 방향으로 흐를 확률은 이보다 훨씬 낮다.

처음 이런 식으로 시간의 화살을 설명한 사람은 루트비히 볼츠만이라는 물리학자였다. 그의 설명에 학계의 반응은 싸늘했다. 시간이 한 방향으로 흐르는 것이 단지 그렇게 될 확률이 크기 때문이라니! 그렇다면 볼츠만의 이 법칙은 확률적으로 옳은 진리란 말인가? 수학적으로 본다면 완전히 틀린 말이라는 뜻이다. 안타깝게도 볼츠만은 자살로 생을 마감한다. 우울증에 시달리기도 했지만, 죽을 때까지 그의 이론이 인정받지 못한 것도 그 이유의 하나가 아닐까 추측해본다. 하지만 오늘날 대부분의 물리학자는 볼츠만의 관점을 지지한다. 그래서 여기에 '열역학 제2법칙'이라는 멋진 이름을 붙여주었다. 이제 우리는 시간이 왜 한 방향으로만 흐르느냐는 질문에 열역학 제2법칙 때문이라는 우아한 답변을 할 수 있게 된 것이다.

엔트로피

물리학자라면 열역학 제2법칙을 수학적으로 좀 더 엄밀하게 기술하고 싶은 욕구를 느낄 것이다. 큐브 이야기를 곰곰이 생각해보면 '색이 맞아 있는 상태(과거)'와 '색이 흐트러진 상태(미래)'의 차이는 그 상태가 갖는 '경우의 수'에 있다는 것을 알게 된다. 색이 맞은 상태는 단 한 가지 경우 밖에 없다. 하지만 색이 흐트러지는 것은 정말 수없이 많은 경우가 가능하다. 당신의 방이 잘 정돈되었을 때의 모습은 단 한 가지이지만, 방이 어질러진 형태에는 상상도 할 수 없이 많은 가능성이 있다. 세 살짜리 장난꾸러기를 방에 집어넣고 1분에 한 번씩 들여다보면 모두 다른 모습이 나올 테니 말이다.

과거에서 미래로 간다는 것은 결국 상태를 이루는 경우의 수가 작은 상황에서 많은 상황으로 간다는 것과 같은 말이다. 이 '경

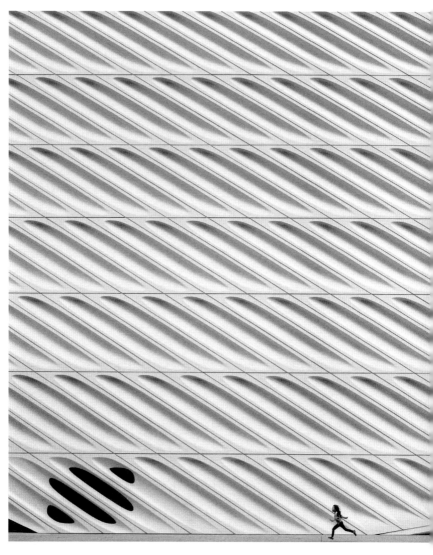

과거에서 미래로 간다는 것은 결국 상태를 이루는 경우의 수가 작은 상황에서 많은 상황으로 간다는 것
과 같은 말이다.

우의 수'에 '엔트로피'라는 이상한 이름을 주면 열역학 제2법칙은 "엔트로피는 증가한다"라는 멋진 문장으로 바뀐다. 엔트로피의 공식을 써보겠다. (겁먹지 마시라. 수학은 언어의 하나일 뿐이다.)

$$S = k \ln W$$

여기서 'W'가 바로 경우의 수다. 'k'는 '볼츠만 상수'라는 것으로 단지 단위를 맞추느라 써준 것이고, '$\ln$'은 '자연로그'라는 것으로 고등학교 이과수학에 나오는 특수함수다. 'k', '$\ln$' 둘 다 몰라도 상관없다. 엔트로피는 '경우의 수'라는 것이 중요하다. 결국 시간이 한 방향으로 흐른다는 것은 "우주의 엔트로피가 증가한다"라는 말과 같은 의미다.

그렇다면 우주의 엔트로피가 증가하려면 과거의 엔트로피가 작았어야 하는 거 아닌가? 큐브로 이야기하면, 처음에 큐브의 색깔이 맞춰져 있었어야 했다는 말이다. 우주의 큐브는 처음에 누가 맞춰놓은 걸까? 시간을 거슬러 올라가면 점점 엔트로피가 작아져서 결국에는 엔트로피 0의 상태, 단 하나의 가능성만 있는 상태에 도달하게 된다. 우주가 한 점에서 출발했어야 한다는 말이다. 바로 빅뱅이다. 빅뱅은 천문학적인 관측 증거를 가지고 있지만, 엔트로피와 시간의 방향을 생각해보면 필연적으로 도달할 수 있는 결론이기도 하다. 빅뱅이 왜 있었는지는 모른다. 하지만 빅뱅이 없었으면 시간이 미래로 흐를 수 없다.

통계물리

색이 맞아 있는 큐브가 흐트러진다는 것을 설명하기 위해 새로운 물리법칙을 고안할 필요는 없다. 큐브를 무작위로 조작하다 보면, 경우의 수가 큰 쪽으로 가게 마련이라는 '당연한' 가정이면 충분하다. 열역학 제2법칙은 법칙 아닌 법칙인 거다. 이런 의미에서 아인슈타인은 열역학법칙이야말로 최후까지도 뒤집히지 않을 물리법칙이라 말한 바 있다. 여기서 핵심은 경우의 수가 많은 것이 쉽게 일어난다는 거다. 이처럼 수가 많다는 것은 그 자체로 새로운 현상을 만들어낼 수 있다는 의미다. 이런 것을 다루는 분야를 '통계물리'라고 한다.

통계물리는 많은 수의 대상을 통계적으로 다루어 새로운 물리적 현상이나 규칙을 찾는 분야다. 이렇게 이야기하면 통계물리가 특수한 상황을 다루는 것처럼 들릴 수도 있지만, 사실 물리학의 대상이 되는 것들은 대개 이런 상황이다.

우리는 지금 이 순간에도 주위에 있는 셀 수 없이 많은 공기 분자들과 충돌하고 있다. 공기 분자는 소리보다 빠르지만, 우리는 공기 분자와 부딪히고 있다는 것을 인식조차 할 수 없다. 공기 분자가 우리 피부에 가하는 평균적인 충격을 '압력'이라 하고, 그들이 가진 평균 운동에너지를 '온도'라고 한다. 산에 올라가면 압력이 낮아진다. 우리 몸을 두드리는 공기 분자의 수가 작아지기 때문이다. 우주공간에 나가면 공기가 거의 없으니 압력이 '0'에 가까워진다. 날씨가 춥다는 것은 단지 공기 분자의 평균 속력이 작다는 거다.

여기서 반복하여 등장한 '평균'이라는 통계적 표현에 주목하자. 이런 통계적 기술이 가능한 이유는 다시 말하지만 우리 주변에 있는 공기 분자가 어마어마하게 많기 때문이다. 작은 방 안에 있는 공기 분자의 수는 대략 10,000,000,000,000,000,000,000,000,000개 정도다. 사실 '0' 몇 개를 잘못 써도 문제없을 정도로 큰 수다. 우리가 사는 세상의 모든 물질은 엄청나게 많은 수의 원자, 분자들로 구성되어 있다. 따라서 통계물리는 자연을 이해하기 위해 반드시 알아야 하는 지식이다.

물에 잉크를 한 방울 떨어뜨리면 시간이 지남에 따라 잉크가 퍼져서 물 전체가 뿌옇게 된다. 하지만 가만히 놓아둔 뿌연 물이 맑은 물과 잉크 한 방울로 스스로 분리되는 일은 결코 일어나지 않는다. 잉크가 한곳에 방울로 모여 있는 것보다 퍼져 있는 경우의 수가 많기 때문이다. 즉, 잉크가 퍼져가는 과정은 엔트로피가 증가하는 과정인 것이다. 통계물리의 방법은 잉크의 확산이라는 자연현상과 큐브의 문제를 동일한 방식으로 설명해준다.

이처럼 통계물리의 대상이 반드시 물리학적인 것일 필요는 없다. 통계물리의 영역이 생명현상과 인간사회로 확장되는 이유가 여기에 있다. 사고 없는 고속도로에 정체가 일어나는 이유, 인터넷 연결망이 갖는 필연적 구조, 지구의 역사에서 대규모 멸종이 일어난 빈도 같은 것들이 모두 통계물리의 대상이다.

하나의 물 분자는 수소 원자 두 개와 산소 원자 하나로 구성된다. 두 개의 수소 원자는 104.5도의 각을 이루며 산소에 붙어 있다. 하나의 물 분자는 이처럼 그냥 꺾인 막대다. 하지만 물 분자가 무수히 많이 모이면 '물'이라는 새로운 상태가 된다. 하나의 물 분자로부터 흐르는 강물의 모습을 상상하기는 불가능하다. 양질전환量質轉換이랄까. 이제 온도를 바꾸면 물이 얼음이 되거나 수증기가 된다. 이것은 물 분자의 집단이 협동하여 만들어낸 새로운 실체다.

하나의 입자는 시작도 끝도 없는 절대시간 위를 움직인다. 여기에는 시간의 방향도 없다. 수많은 입자가 모이면 비로소 시간이 흐르기 시작하고, 새로운 현상들이 창발創發한다. 인간 역시 수많은 입자들이 모여 만들어진 새로운 실체다. 자신이 왜 존재하는지 고민하는 실체다.

양자역학

우리는 믿는 것을 본다

본다는 것

"안다는 것은 본 것을 기억하는 것이며, 본다는 것은 기억하지도 않고 아는 것이다. 그러므로 그림을 그린다는 것은 어둠을 기억하는 것이다."

오르한 파묵의 소설 『내 이름은 빨강』에 나오는 구절이다. 양자역학적으로 생각하면 우리는 본 것을 그리는 게 아니다. 있는 그대로 볼 수는 없기 때문이다. 우리는 보았다고 믿는 것을 그린다.

양자역학적으로 생각하면 우리는 본 것을 그리는 것이 아니다. 있는 그대로 볼 수는 없기 때문이다. 우리는 보았다고 믿는 것을 그린다.

'보는 것은 믿는 것이다'라는 서양속담이 있다. 보는 것이 왜 믿는 것이라고 했을까? 보는 것은 인간에게 가장 중요한 감각이기 때문이다. 본다는 것은 무엇일까? 눈앞에 있는 스마트폰이 보인다는 것은 무슨 뜻일까? 우선 빛이 스마트폰에 맞아 튕겨 나온다. 튕겨 나온 빛은 사방으로 흩어지는데, 그 일부가 우리 눈에 도달한다. 수정체를 통과하며 굴절된 빛은 망막에 스마트폰의 상을 맺는다. 망막에 있는 세포는 빛을 감지하여 전기신호를 발생시키고 이것이 뇌로 이동하면 우리는 보았다고 생각한다. 우리가 '본 것'은 본 '것'과 같은 것일까? 우리 뇌에 떠오른 심상은 물체와 같은 모습일까?

과학의 역사는 당연하다고 생각하는 것을 의심하는 데에서 시작했다. 지구는 정말 편평한가? 태양이 정말 돌고 있나? 아인슈타인의 상대성이론은 시간이나 길이가 무엇인지 묻는 것에서 출발한다.

그렇다면 양자역학은? 양자역학이 대상으로 하는 것은 앞서 이야기한 원자다. 원자는 정말 작다. 앞 문장의 마침표 위에도 100만 개의 원자를 늘어세울 수 있을 정도다. 원자를 맨눈으로 볼 수 있을까? 원자는커녕 원자보다 훨씬 큰 바이러스도 보지 못한다. 그렇다면 그토록 작은 원자 내부에서 전자는 어떻게 운동하고 있을까? 양자역학이 원자를 설명하는 이론이라면 바로 이 질문에 답할 수 있어야 한다.

이 질문에 대한 답을 구하기 위해 1925년까지 물리학자들은 말 그대로 악전고투한다. 당시까지 알려진 물리이론을 총동원하여 전자의 운동을 설명해보려 했지만 번번이 실패했다. 당시로서 그나마 가장 성공적인 닐스 보어(1922년 노벨물리학상)의 이론조차 다수의 물리학자들에게 외면을 받는 상황이었다. 사실 외면할 만했다. 전자가 유령처럼 한 장소에서 다른 장소로 순간 이동할 수 있다는 내용을 포함하고 있었으니 말이다. 보어는 급기야 에너지보존법칙을 버려야 할지 모르겠다는 말까지 한다.

양자역학 태어나다

이때 25세의 베르너 하이젠베르크(1932년 노벨물리학상)가 혜성같이 나타난다. 하이젠베르크는 역사를 바꿀 질문을 던진다. 전자를 직접 볼 수 있을까? 직접 본다면 전자가 정말 움직이는 공처럼 공간을 가로질러 연속적으로 날아가는 것으로 보일까? 과학의 역사를 보라. 당연한 것은 당연하지 않다. 본 적도 없는, 아니 영원히 볼 수 없을 게 분명한 전자가 왜 상식대로 행동할 거라 생각할까?

이제 하이젠베르크는 엄청난 도약을 한다. 전자가 공처럼 행동한다는 기본 관념을 내던지고, 오로지 직접 알 수 있는 물리량들만 가지고 이론을 만들어보기로 한 것이다.

당시 원자를 설명하는 보어의 이론에 따르면 원자 내에는 불연속적인 '상태'들이 존재했다. 지구 주위를 도는 인공위성들의 '궤도'를 생각하면 이해하기 쉽다. 인공위성의 궤도 반지름을 바꾸고 싶으면 엔진을 작동시켜 더 높은 위치나 낮은 위치로 이동하면 된다. 이때 연료만 충분하다면 원하는 곳 어디든 갈 수 있다. 하지만 원자 내의 전자는 특별한 반지름을 갖는 궤도에만 존재할 수 있다. 이유는 모른다. 한 궤도에서 다른 궤도로 이동할 때는 그냥 점프를 해야 한다. 문제는 점프를 하는 동안 궤도 사이를 연속적으로 이동할 수 없다는 것이다. 그냥 한 궤도에서 사라져서 다른 궤도에 짠하고 나타나야 한다. 역시 이유는 모른다. 당시 물리학자들이 보어의 이론을 싫어한 것도 당연하다.

전자가 이렇게 점프를 할 때 빛을 흡수하거나 방출한다. 우리가 원자에서 볼 수 있는 것은 이렇게 점프할 때 드나드는 빛뿐이다. 빛이 존재하기 위해서는 점프를 '시작하는 상태'와 '끝나는 상태'가 반드시 정해져야 한다. 고속도로 통행료를 내려면 입구와 출구를 알아야 하는 것과 같다. 물리에서는 입구와 출구 모두 에너지로 기술된다. 즉, 시작 에너지와 끝 에너지가 필요하다. 가로 방향을 시작 에너지, 세로 방향을 끝 에너지 순서로 이들을 늘어세우면 2차원 격자 모양의 배열이 얻어지는데 이런 숫자들의 배열을 수학에서는 '행렬'이라고 부른다. 이제 하이젠베르크는 선언한다. "원자는 행렬이다"라고.

고대 그리스 철학자 피타고라스는 "만물은 수다"라고 했다는데, 하이젠베르크는 "만물은 수의 배열이다"라고 한 셈이다. 하이젠베르크의 행렬역학을 보고 기뻐한 물리학자는 당시 거의 없었을 것 같다. 물리학자들이 원했던 것은 전자의 궤도를 기술하는 직관적인 이론이지 행렬 같은 숫자들의 나열이 아니었다. 그러나 행렬역학은 원자의 모든 것을 제대로 설명하기 시작한다. 드디어 양자역학이 탄생한 것이다.

하이젠베르크의 행렬역학에서 열기가 채 가시기도 전에 에르빈 슈뢰딩거(1933년 노벨물리학상)는 파동역학을 내놓았다. 전자의 이중성, 그러니까 전자가 입자이자 파동이라는 사실을 염두에 둔 양자이론이다. 파동역학은 전자의 파동을 기술하는 방정식을 담고 있다. 이 방정식을 '슈뢰딩거 방정식'이라고 부른다. 이렇게 생겼다.

$$i\hbar \frac{\partial \psi}{\partial t} = -\frac{\hbar^2}{2m} \nabla^2 \psi + V\psi$$

수포자분들이 역정을 내실지도 모르겠다. 그렇다면 주위를 둘러보시라. 수많은 자연현상이 일어나고 있다. 자동차가 움직이고, 심장이 뛰고, 스마트폰이 울리고, 밥을 먹으면 힘이 난다. 슈뢰딩거 방정식은 주위에서 일어나는 이런 모든 자연현상의 99%를 설명한다. 세상 만물은 원자로 되어 있고, 이 방정식은 원자를 설명하니까.

행렬역학은 원자를 추상적인 수학적 구조로 보고, 파동역학은 원자의 본질을 물결과 같은 파동이라 생각한다. 자세한 내용을 알지 못하더라도, 이 둘이 전혀 다르게 생겼다는 것쯤은 금방 알 수 있으리라. 그럼에도 불구하고 이 두 방법은 동일한 예측을 내놓았다. 놀라운 일이지만 수학적으로 두 이론이 동일한 구조를 가지기 때문이다. 실제 오늘날 물리학자들은 두 가지 방법 모두를 자유자재로 사용한다.

보는 것은 믿는 것이 아니다

우리가 앞에서 얻은 결과의 물리적 의미는 무엇일까? 행렬역학은 불연속적인 점프를 내포하고 있다. 전자는 어떻게 두 상태 사이를 순식간에 이동할 수 있을까? 파동역학은 전자가 파동이라고 말해준다. 하지만 전자는 질량을 가진 입자다. 전자의 파동방정식은 전자가 입자라는 명백한 사실과 어떻게 조화를 이룰 수 있을까? 더구나 파동은 여러 장소에 동시에 존재할 수 있다. 소리를 생각해보라. 하지만 입자는 한 순간 한 장소에만 존재할 수 있다. 전자가 파동이라면 동시에 여기저기 존재할 수 있다는 말이다. 전자는 유령인가?

양자역학의 모든 미스터리를 푸는 열쇠는 바로 '본다는 것'에 있다. 측정할 때 무슨 일이 일어나는가를 생각해보자. 빛이 스마트폰에 부딪힐 때 무슨 일이 일어날까? 빛이 당구공 같은 크기의 입자라면 부딪힐 때 아파야 한다. 스마트폰에 빛이 부딪히고 튕겨 나올 때 스마트폰이 그 충격으로 움직여야 한다. 당연히 말도 안 된다. 빛에 맞아서 휘청거렸다는 말은 들어본 적 없지 않은가. 하지만 전자와 같이 무지무지 작은 녀석은 어떨까? 실제 전자는 빛과의 충돌로 휘청거린다. 원래 위치에서 벗어난다는 말이다. 그렇다면 전자에 부딪혀 튕겨 나온 빛을 보고 알아낸 위치는 어떤 의미를 가질까? 전자는 이미 그 장소에 없다.

고대 그리스 철학자 플라톤은 우리가 느끼고 알 수 있는 현상의 세계 바깥에 모든 사물의 근원이자 본질인 이데아가 있다고 주장했다. 전자에 빛이 닿을 때마다 움직인다면 우리는 전자의 현재 위치를 결코 알 수 없다. 하지만 지금 이 순간 전자는 어느 위치엔가 분명히 존재할 것이다 결코 알 수 없지만 존재한다고 믿는 전자의 위치는 마치 플라톤이 이데아를 가정했던 것과 닮아 있다. 결코 알 수 없는데 알 수 있다고 생각하는 것은 그 자체로 모순 아닌가? 하이젠베르크는 자전적 에세이 『부분과 전체』에서 어린 시절 플라톤 철학에 심취했던 이야기를 들려준다. 하지만 그는 여기서 플라톤과 결별한다.

알 수 없는 것에 대해서는 말하지 말아야 한다. 즉, 측정이 대상에 변화를 일으킨다면 전자의 정확한 위치는 존재하지 않는다. 이것은 측정의 부정확성이나 오차가 아니라 본질적인 문제다. 누구도 전자에 교란을 주지 않고 위치를 알아낼 수 없다. 보이지 않는 이데아를 이야기하는 것은 물리가 아니다. 결국 원자의 세상에서 우리는 대상에 대해 모든 것을 완벽히 알아낼 수 없다. 현재의 정확한 위치를 알 수 없다면 나중의 정확한 위치를 예측하는 것도 불가능하다. 일종의 불가지론이다. 그렇다면 양자역학은 무엇을 예측하는가?

전자는 파동이기도 하다. 소리처럼 여기저기 있을 수 있다. 당신이 하는 말을 옆 건물에서 들을 수는 없다. 여기저기 있다고 제멋대로인 것은 아니다. 소리는 파동방정식을 따라 공간을 퍼져나간다. 전자의 파동도 슈뢰딩거 방정식에 따라 공간을 퍼져간다. 전자가 어디 있는지 측정을 하면 전자는 입자이기도 하므로(이중성) 분명 한 장소에 모습을 드러낸다. 하지만 전자가 측정 이후에도 그 위치에 있는 것은 아니다. 측정이 전자를 교란했기 때문이다. 그렇다면 전자가 입자로 되는 동안 전자의 파동은 어디 갔을까? 전자의 위치를 측정할 때마다 전자는 여기저기서 발견된다. 결국 전자의 파동이란 전자가 여기저기서 발견될 확률을 의미한다.

전자가 특정 위치에서 발견될 확률은 정확히 예측할 수 있다. 일상용어로서의 확률은 불확실하다는 느낌을 강조하지만, 양자역학의 확률은 수학적으로 완벽하게 결정되는 실체와 비슷하다. 측정할 때마다 전자는 제멋대로 행동하는 것 같지만 결과를 모아보면 슈뢰딩거 방정식이 예측하는 확률분포와 완벽하게 일치한다는 뜻이다. 주사위 던지기를 생각해보면 이해하기 쉽다. 매번 무작위로 숫자가 나오지만 모아보면 각 면이 나올 확률은 정확히 6분의 1이다. 이런 의미에서 양자역학은 완전히 모른다는 의미의 불가지론이 아니다.

이쯤에서 정신이 혼미해지지 않으면 양자역학을 제대로 이해한 것이 아니라고 보어는 말했다. 리처드 파인먼(1965년 노벨물리학상)은 "이 세상에 양자역학을 정확히 이해하는 사람은 단 한 명도 없다"라고 단언했다. 그러니 너무 좌절하지 마시라. 아무튼 이로써 양자역학의 핵심개념은 모두 이야기했다.

대립적인 것은 상보적인 것

불확정성의 원리

'이것'은 또한 '저것'이다. '저것' 또한 '이것'이다. 장자는 이것과 저것의 대립이 사라져버린 것을 '도道'라고 했다. 대립되는 두 개념이 사실 하나의 개념이라는 생각은 동양인들에게 익숙한 철학이다. 음양陰陽의 조화라든가 중용中庸 같은 것도 대립하는 개념 사이에서 옳은 쪽을 찾기보다 둘을 조화시키는 동양의 지혜다. 논리적으로만 보자면 대립되는 두 명제 가운데 하나가 참이면 다른 하나는 거짓이다. 이런 이분법은 선악 개념에 기초한 기독교에서 친숙하다. 그래서 서양인들은 대립물을 하나로 보는 생각을 이해하기 힘들어하는지도 모르겠다.

　20세기 초 현대물리학, 특히 양자역학이 발견한 것은 어찌 보면 동양의 오래된 지혜였다. 서로 양립할 수 없는 두 개념이 혼재하는 것이야말로 자연의 본질이라는 거다. 물리학에서는 이것을 처음에 '이중성duality'이라고 불렀고, 나중에는 '상보성complementarity'이라는 용어로 공식화시켰다. 상보성의 중요한 예는 하이젠베르크가 찾아낸 '불확정성의 원리'다. 불확정성의 원리란 물체의 위치와 운동량을 동시에 정확히 알 수 없다는 것이다. 운동량은 물체의 질량에 속도를 곱한 거니까 그냥 속도라고 보아도 무방하다. 위치와 속도는 뉴턴의 역학에서 가장 중요한 두 개의 물리량이다. 이 원리는 물리학자들이 자연을 이해하는 데 근본적인 제약을 가한다. 이제 물리학자는 우주를 완벽하게 기술하는 전지적 위치에서 주관적이고 확률적이며 불확실한 세상으로 내동댕이쳐진다.

　많은 사람들이 양자역학과 동양철학 사이의 유사성에 대해 흥미를 갖는다. 서양 물리학자 프리초프 카프라는 『현대물리학과 동양사상』에서 그 유사성에 대해 자세히 정리해놓았다. 이런 유사성은 그 자체로 흥미롭지만 과학적으로 의미가 크지는 않다. 과학은 실험적 증거를 필요로 하기 때문이다. 하지만 철학은 생각의 틀을 제공하는 법이다. 독일인 친구 물리학자가 '이중성'을 받아들이기 얼마나 힘들었는지 이야기하던 기억이 난다. 나는 어렵기는 했

어도 큰 거부감은 없었다, 아니 동양인으로서 친밀감마저 들었다,

물리학자들은 이런 논리적 모순을 어떻게 자연법칙의 하나로 받아들이게 되었을까? 서양철학을 근본부터 뒤집은 과학혁명의 순간을 살펴보기로 하자. 바로 이중성의 발견이다.

이중성

'당구공'의 대립물對立物은 무엇일까? 물리학자의 답은 '소리'다. 선문답으로 들릴 것이다. 정확하게 말하면 '입자'의 대립물이 '파동'이라는 뜻이다. 당구공과 같은 입자는 무게를 가지고 있지만, 소리와 같은 파동은 무게가 없다. 당구공은 어디 있는지 알 수 있다. 하지만 소리는 어디 있다고 꼭 집어 말할 수 없다. 만약 당구공이 파동같이 행동한다면 여기저기 동시에 존재할 수 있다는 뜻이된다. 반대로 소리가 당구공같이 행동한다면 소리의 개수를 하나 둘 셀 수 있다는 말이다. 입자와 파동이 대립물인지는 분명치 않지만, 서로 전혀 다르다는 것만은 분명하다.

19세기 물리학의 주인공은 전기電氣다. 1860년대 전기와 자기를 기술하는 맥스웰 방정식이 완성되고, '빛'이 맥스웰 방정식의 수학적 해解에 불과하다는 사실이 밝혀진다. 빛은 전기장과 자기장의

온도를 가진 모든 물체는 빛을 낸다. 인간도 빛을 내고 있다.

파동, 즉 전자기파의 일종이라는 것이다. 전자기파를 이용한 무선 통신의 탄생과 함께 20세기가 시작된다. 바로 이 순간 물리학자들은 모순에 부딪히게 된다. 빛이 파동이라는 사실이 확립된 바로 그때 빛이 입자라는 증거들이 나오기 시작한 것이다.

첫 번째 증거는 '흑체복사'라는 현상이다. 복사輻射란 빛을 내는 것이다. 온도를 가진 모든 물체는 빛을 낸다. 인간도 빛을 내고 있다. 그런데 왜 깜깜한 방에 들어가면 안 보이는 걸까? 사람은 체온에 해당하는 흑체복사, 즉 적외선에 해당하는 빛을 낸다. 인간의 눈은 적외선을 볼 수 없다. 적외선도 전자기파의 일종이다. 적외선을 감지하는 야시경을 쓰면 깜깜한 방에서도 사람이 보인다. 태양도 빛을 낸다. 섭씨 6,000도라는 태양 표면의 온도는 태양의 빛을 흑체복사이론으로 분석하여 알아낸 것이다.

흑체복사이론은 막스 플랑크(1918년 노벨물리학상)가 제안한 것이다. 이 이론에는 기묘한 가정이 하나 필요했다. 빛의 에너지가 특정한 값의 정수 배로만 존재한다는 가정이다. 에너지가 돈이라면 빛의 에너지는 반드시 100원, 200원, 300원 등등만 가능하다. 120원이나 145원은 안 된다. 이런 기묘한 상황을 설명하는 손쉬운 방법은 빛이 100원짜리 동전으로 되어 있다고 하는 거다. 빛이 입자라는 뜻이다. 하지만 빛은 파동이다! 플랑크는 보수적인 사람이라 차마 빛이 입자라고 말할 수 없었다. 빛이 입자라고 처음으로 용감하게 외친 사람은 당시 특허청 말단 직원이었던 알베르트 아인슈타인(1921년 노벨물리학상)이었다.

빛이 입자라는 두 번째 증거는 '광전효과'다. 금속에 빛을 쬐면 전자가 튀어나오는 현상이다. 사실 이 실험은 금속에 전자를 충돌시켜 빛이 나오는 실험을 거꾸로 한 것이다. 당시 금속에 전자를 충돌시켜 발생한 엑스선이 화제였다. 엑스선을 사람에 쬐면 몸속의 뼈가 보였기 때문이다. 결국 엑스선도 전자기파의 일종으로 밝혀진다. 빌헬름 뢴트겐은 엑스선 발견의 공로로 1901년 제1회 노벨물리학상을 수상했다. 엑스선 발생 과정을 거꾸로 하면 이번엔 전자가 튀어나온다. 여기까지는 이상하지 않다. 하지만 쬐어준 빛과 튀어나온 전자의 에너지를 제대로 설명하려면, 흑체복사 때와 같이 빛의 에너지가 띄엄띄엄하다는 가정을 해야 했다.

1905년 아인슈타인이 빛은 입자라고 용감하게 주장했지만, 당시 대부분의 물리학자는 콧방귀조차 뀌지 않았다. 이유는 간단하다. 빛은 파동이니까. 빛이 입자라는 세 번째 증거가 나오자 비로소 물리학자들은 빛의 입자성을 받아들이게 된다. 1920년대 초아서 콤프턴(1927년 노벨 물리학상)이 빛으로 당구공 실험을 하여 빛이 입자라는 사실을 증명한 것이다. 당구공을 서로 충돌시키면 어떻게 행동할지 뉴턴역학으로 완전히 기술할 수 있다. 콤프턴은 빛이 당구공같이 행동한다는 사실을 보인 것이다.

이제 물리학자들은 서양과학사의 최대 모순에 빠지게 된다. 파동임에 틀림없는 빛이 입자의 성질을 갖는다. 여기서 '이중성'이라는 용어가 탄생한다. 흥미로운 일이지만 물리학에 이중성이라는 개념이 탄생하던 1920년대, 예술에서는 '초현실주의' 운동이 시작되었다. 이는 인간의 무의식을 예술로 표현하는 것으로, 프로이트의 심리학에서 영향을 받은 것이다. 르네 마그리트의 〈표절Le Plagiat〉 같은 그림을 보면 집 안에 있는 나무 내부에 집 밖의 풍경이 그려져 있다. 공존할 수 없는 개념의 공존은 이 시대의 새로운 사고방식인지도 모르겠다.

상보성

파동인 줄 알았던 빛이 입자의 성질을 갖는다. 그렇다면 입자인 줄 알았던 '것'이 파동의 성질을 가질 수는 없을까? 당시 물리학자들은 원자를 이해하려고 노력하고 있었다. 원자는 원자핵과 그 주위를 도는 전자로 구성된다. 닐스 보어(1922년 노벨물리학상)가 수소 원자를 설명하는 이론을 내놓은 이후, 루이 드브로이(1929년 노벨물리학상)는 전자가 파동같이 행동한다고 주장했다.

전자는 입자다. 무게를 갖는다. 그래서 전자빔을 쬐면 바람개

비가 돌아간다. 세상 만물은 원자로 되어 있다. 우리 몸도 원자로 되어 있다. 원자는 전자와 원자핵으로 구성된다. 전자가 파동이라면, 우리 몸이 소리로 되어 있다는 말에 다름 아니다. 하지만 전자의 파동성은 큰 저항 없이 물리학계에 받아들여진다. 이미 빛의 이중성을 경험했기 때문이다.

빛과 전자는 왜 입자성과 파동성을 동시에 갖는 것일까? 이 두 성질은 물리적으로 결코 양립할 수 없다. 무선 통신할 때 빛은 파동으로 행동하지만, 광전효과실험에서 빛은 입자로 행동한다. 이 두 실험을 동시에 할 수는 없다. 둘 중에 하나의 실험을 하면 빛은 입자와 파동, 둘 중 하나로 결정된다. 마치 남자냐고 물으면 남자가 되고 여자냐고 물으면 여자가 되는것과 같다. 전자도 마찬가지다. 사실 양성자, 중성자 등 물질을 이루는 모든 기본입자뿐 아니라, 이들이 모여서 만들어진 원자도 전자와 같은 이중성을 갖는다. 이중성은 자연의 본질인 것 같다. 여기서는 질문이 존재를 결정한다. 보어는 이중성의 이런 특성을 '상보성'이라 불렀다.

힌두교의 경전 『우파니샤드』에는 이런 구절이 나온다. "그것은 움직인다. 그것은 움직이지 않는다. 그것은 멀다. 그리고 그것은 가깝다. 그것은 이 모든 것 속에 있으며 이 모든 것 밖에 있다." 상보성은 모든 대립물이 동시에 옳다고 주장하지 않는다. 상보성의 대상이 되는 것은 잘 정의된 물리적 성질들이다. 상보성은 불교

시인 아슈바고샤가 이야기한 "그러한 것은 존재하는 것도 이니며 존재하지 않는 것도 아니요, 존재와 비존재가 동시에 존재하는 것도 아니며, 존재와 비존재가 동시에 존재하지 않는 것도 아니다"와 같이 모든 것을 부정하는 것도 아니다. 실험을 하면 대립물 가운데 하나로 답이 정해진다. 상보성은 정반합正反合의 철학과도 다르다. 상보성은 정正과 반反이 공존한다고 말할 뿐이다. 둘이 융합하여 새로운 합合을 만드는 것은 아니다. 실험을 하면 대립물 가운데 하나만 옳다.

상보성 개념을 제안했던 보어는 1937년 중국을 방문한다. 거기서 그는 태극문양을 보고 큰 감명을 받았다고 한다. 양자역학을 이해할 사고의 틀이 서양에는 없었지만, 동양에는 있었던 것이다. 1947년 보어는 물리학에 대한 그의 공로로 덴마크 귀족작위를 받게 된다. 그는 자신의 귀족예복에 태극문양을 새기고 'Contraria sunt Complementa(대립적인 것은 상보적인 것이다)'라는 라틴어 문구를 넣었다고 한다.

불확정성

상보성의 대립물 가운데 물리적으로 가장 중요한 것은 위치와 운동량이다. 운동량이란 물체의 질량에 속도를 곱한 양이다. 그냥 속도라고 생각하면 된다. 당신 앞에 있는 스마트폰을 보자. 스마트폰이 보인다면 위치는 당연히 알고 있는 거다. 그렇다면 속도는 어떨까? 당신 손 위에 정지하고 있으니 속도도 아는 거다. 하지만 위치와 속도, 둘을 동시에 정확히 안다면 상보성에 위배된다. 이게 말이 되나? 상보성의 대상이 되는 것은 전자나 원자와 같은 기본입자들이다. 이들은 엄청나게 작다. 당신 손톱 위에 1억 개의 원자를 일렬로 늘어세울 수 있을 정도다. 상보성에 따르면 이렇게 작은 원자의 위치와 속도는 동시에 정확히 알 수 없다. 베르너 하이젠베르크(1932년 노벨물리학상)가 발견한 '불확정성의 원리'다.

위치와 속도를 모두 정확히 알 수 없다면 물체의 운동을 정확히 예측할 수 없다. 부산에서 출발한 자동차가 시속 100킬로미터로 1시간 달리면 어디에 있을지 예측할 수 있다. 하지만 자동차가 어디에서 출발했는지 모르거나, 속력이 얼마인지 모른다면 1시간 후의 위치를 알 방법은 없다. 불확정성의 원리가 옳다면 우리는 원자에 대해 미래를 예측할 수 없다는 것을 인정하는 셈이 된다. 한마디로 모른다는 거다. 불확정성의 원리가 말하는 무지無知는 우리의 실험장비나 감각기관의 부정확성 때문에 생기는 것이 아니다. 상보성, 그러니까 자연의 근본원리로서의 무지, 본질적인 무지다.

뉴턴의 물리학은 물체의 운동을 완벽하게 기술한다. 우리는 언제 일식이 일어날지, 언제 화성이 지구에 가장 근접할지 알 수 있다. 17세기 이래로 물리학이 승승장구한 이유다. 하지만 원자에 대해서는 결론이 모른다는 거라니. 양자역학이 발견한 물리, 즉 사물의 이치는 결국 불가지론이란 말일까. 아니다. 양자역학은 인간이 만들어낸 모든 과학이론 가운데 가장 정밀한 결과를 준다. 더구나 20세기의 첨단과학은 대부분 양자역학의 자식이다. 양자역학은 그 자신의 원리만큼이나 이중적이다.

지구에서 본 우주,
달에서 본 우주

1년에 한 번 모두가 달을 보는 날이 있다. 추석이다. 인공의 불빛이 거의 없던 시절이 있었다. 지금보다 밤이 더 밤다웠다는 말이다. 밤의 어둠 속에서 빛을 밝히는 것은 달의 몫이었다. 따라서 달이 가장 밝은 날은 중요한 의미를 가졌으리라. 모든 이가 달이 날마다 변해가는 모습을 볼 수 있었다. 그 시절 달은 분명 밤의 지배자였다. 이 때문에 달은 서양에서 불길한 존재로 여겨지기도 했다. 동양에서 달은 태양과 함께 음양의 조화를 이루는 쌍이다. 한가위 대보름이 되면, 서양인들은 들려오는 늑대 울음소리를 두려워하며 달을 바라봤고 우리는 축제를 열었다.

달은 감미로움이기도 하다. 드뷔시의 피아노곡 〈달빛〉은 호

수 표면에서 사뿐히 부서지는 달빛의 무수을 생생히 게긴긴비. 인상주의 음악이라 할 만하다. 이 곡을 듣다 보면 감미로움은 미각이라기보다 청각이라는 것을 깨닫게 된다. 음악가 장세용의 〈달에서의 하루〉란 곡에서는 톡톡 튀는 감미로움이 느껴진다. 재미있는 것은 곡의 제목이다. 현대의 달은 빛으로서만이 아니라 우리가 가서 밟을 수 있는 대상이라는 것을 보여준다.

달에서는 푸른색의 지구가 보인다. 인공위성 사진의 지구를 하늘에 띄웠다고 보면 된다. '지구빛'은 호수에 부딪혀 부서지지 않아도 그 자체로 숨 막히도록 아름답다. 물론 달에는 호수가 없다. 달에서 본 지구에는 이상한 점이 있다. 지구가 움직이지 않고 하늘에 고정되어 있다. 달은 자전주기와 지구 주위를 도는 공전주기가 같다. 이 때문에 지구에서는 달의 한쪽 면만 볼 수 있다. 달이 공전하면서 같은 속도로 자전을 하기 때문에 달에서 보기에 지구는 정지위성같이 항상 그 자리에 있게 된다.

달에서의 하루는 자전주기인 27.3일이다. 지구에서처럼 하루의 3분의 1을 일한다면 9일을 꼬박 일해야 퇴근할 수 있다. 달에 사람이 살았다면 같은 자리에 항상 묵묵히 떠 있는 지구를 바라보며 고된 삶의 위로를 구했을지 모른다. 달에서는 '한 달'이라는 개념이 없다. 달에는 주위를 도는 위성이 없기 때문이다. 달은 지구 주위를 돌면서 동시에 태양 주위를 돌기에 달에서 태양이나 태양계 행성의 움직임을 보면 머리에 쥐가 났을 거다. 더구나 지구는 왜 그 자리에 가만히 있을까? 당신이 천문학자라면 지구에 사는 것을 다행으로 여겨야 한다.

달의 철학자는 우리와 다른 우주론을 만들었을 것이다. 지구의 고대 철학자 아리스토텔레스는 우주를 지상계와 천상계로 나누었다. 그 경계는 대략 지구와 달 사이에 있다. 지상의 물질은 물, 불, 흙, 공기, 네 가지 원소로 구성되지만, 천상은 에테르라는 원소로 되어 있다. 천상의 물체들은 완벽한 구球형을 이루며 시작도 끝도 없는 원운동을 한다. 달의 철학자는 하늘에 고정되어 있는 푸른색 지구를 보며 천상계를 이루는 물질이 다양하다고 생각했을 거다. 오히려 지상계의 물질이 단순하다. 오직 흙만 있다. 더구나 컬러풀한 지구가 완벽한 구라고 생각하지도 않았을 거다.

갈릴레오는 망원경으로 달을 본 첫 번째 과학자다. 그가 본 것은 울퉁불퉁한 표면의 모습이었다. 완벽한 구가 아니었던 것이다. 2,000년을 믿어온 아리스토텔레스의 이론이 틀린 거다. 달의 과학자라면 겪지 않았을 충격이다. 뉴턴은 울퉁불퉁한 돌덩어리인 달이 왜 지상계의 다른 물체처럼 땅으로 낙하하지 않는지 의문을 가졌다. 뉴턴의 답은 놀라운 것이었다. 달은 낙하하고 있지만 지상에 닿지 않을 뿐이다. 뉴턴이 달에 살았다면 이런 답을 찾기 어려웠을 거다. 달에서 본 지구는 하늘에 그냥 고정되어 떠 있으니까.

설마 지구가 달 주위를 도는데, 하필 달이 똑같은 주기로 자전한다고 생각하기는 어려웠을 거다. 과학자들은 우연을 싫어한다. 뉴턴 역시 지구에 태어난 것을 감사해야 한다.

우리는 달을 바라보며 많은 생각을 한다. 달은 불길한 것이자 축제의 대상이다. 달빛 속에서 프러포즈를 할 수 있지만, 곤히 잠든 적들을 향해 기습공격을 할 수도 있다. 누군가는 달을 보며 이야기를 만들지만, 또 누군가는 우주의 이치를 깨닫는다. 달에서 보면 우리가 사는 지구도 하나의 행성이다. 달에서 보는 세상은 우리가 보는 것과 다르지만 그것은 그것대로 올바른 세상이다.

살다 보면 남과 다툴 일이 있다. 여기에는 자기가 옳고 남은 틀리다는 생각이 깔린 경우가 많다. 지구에서 보는 우주만이 옳은 것이 아니라 달에서 본 우주도 옳다. 달이 지구 주위를 도는 것이 아니라 우리가 달 위에 정지해 있는지도 모른다. 다투기 전, 달에 한번 갔다 오는 것은 어떨까.

달을 가리키는데 왜 손가락을 보는가?
〈인터스텔라〉

영화 〈인터스텔라〉가 끝났을 때 주인공 쿠퍼는 몇 살일까? 답을 잘 모르겠다는 것이 이 영화의 매력이다. 영화를 보면 여러 개의 시간이 등장한다. 아인슈타인의 일반상대성이론에 의하면 중력의 세기에 따라 시간이 다른 속도로 흘러가기 때문이다. 우주탐사대가 첫 번째로 도착한 밀러의 행성은 하필 블랙홀 근처에 위치한다. 블랙홀은 중력이 어마어마하게 큰 천체다. 따라서 이곳의 1시간이 지구의 7년이 될 수도 있다. 상대성이론은 중력을 시공간의 휘어짐으로 이해한다. 격자무늬가 그려진 편평한 고무판을 상상해 보자. 고무판을 휘거나 당기면 격자눈금 사이의 간격이 늘어나는 것을 볼 수 있는데, 이것은 기준 되는 길이가 늘어났다는 의미다.

시간으로 말하면 기준 시간이 늘어났다는, 즉 시간이 느리게 깊이 있다는 의미다.

물론 1시간과 7년은 엄청난 차이다. 이 정도의 차이를 만들려면 밀러의 행성이 블랙홀에 아주 가까이 있어야 한다. 지구에서 해수면과 에베레스트산 정상의 중력 차에 의한 시간 지연은 3만 5,000년에 1초 정도에 불과하기 때문이다. 하지만 블랙홀 근처 같은 극단적인 중력장하에서 행성이 안정된 궤도를 돌 수 있을 것 같지는 않다. 밀러의 행성에 몰아치는 거대한 해일도 블랙홀의 강한 중력 때문에 일어난다고 생각된다. 지구의 밀물과 썰물은 달의 중력 때문에 생긴다. 태양도 조수간만에 영향을 준다. 하지만 블랙홀에 가까이 있다면 해일이 아니라 행성 자체가 찢겨버릴 거다.

〈인터스텔라〉에서 화제가 된 블랙홀의 모습은 이 영화에서 가장 과학적인 부분이다. 보통 블랙홀이라고 하면 빛조차 빠져나올 수 없으니 보이지 않는다고 알려져 있다. 하지만 영화에서 블랙홀은 휘황찬란한 모습으로 그려지는데 왜 그럴까? 지구나 태양 같은 천체들과 마찬가지로 블랙홀도 구형球形이다. 블랙홀은 물체를 빨아들인다. 빨려 들어가는 물체는 소용돌이에 빨리듯이 빙글빙글 돌며 블랙홀로 들어간다. 이것들은 엄청난 속도로 들어가며 서로 부딪히기 때문에 강렬한 빛을 낸다. 따라서 블랙홀 주위에 토성의 띠와 같이 밝은 빛의 띠가 생기게 된다. 그런데 블랙홀 주변에서는 빛이 휜다. 따라서 빛의 입장에서 블랙홀 주위 공간은 렌즈와 비슷하다. 블랙홀에 가려진 뒷부분의 띠가 앞에서 보일 수 있다. 이 때문에 블랙홀 주위에 동심원 형태로 빛이 보이게 된다.

영화에 나오는 웜홀을 통한 우주여행은 가능할까? 현재 가장 빠른 우주탐사선의 속도는 시속 6만 킬로미터 정도다. 지구에서 태양 다음으로 가장 가까운 별까지 가려고 해도 10만 년 정도 걸린다. 그래서 등장한 것이 웜홀이다. 중력에 의해 공간이 뒤틀리다 보면 공간적으로 멀리 떨어진 두 지역이 구멍 같은 것으로 연결될 수 있다. 지름길이라고 보면 된다. 하지만 영화 속 웜홀을 이용한 우주여행은 거의 SF소설 수준이다. 현재 웜홀은 수학적으로만 존재한다. 있는지도 모르는 마당에 이곳을 통과했을 때 무슨 일이 벌어질지 묻는 것은 난센스다. 아마도 여행자의 몸이 산산이 부서져서 시간(!)과 공간이 뒤섞인 상태가 될 거 같다. 통과할 수 있다면 말이다.

우주여행을 통해 이주할 행성을 찾는 탐사대의 노력은 결국 수포로 돌아간다. 감독이 준비한 인류 생존의 복안은 '통일장이론'과 5차원에 사는 '그들'이다. 통일장이론은 일반상대성이론과 양자역학을 통합적으로 설명하는 가상의 이론이다. 물리학자들은 아직 그 이론을 알지 못한다. 필자도 통일장이론이 완성되기를 바라는 마음은 간절하지만, 이 이론이 영화 속 인류의 위기를 어떻게 해결할 수 있다는 것인지 전혀 이해할 수 없다. 5차원에 사는 '그들' 또한 이해할 수 없기는 마찬가지다. 4차원 시공간에서 블랙홀을 탈출할 수 없으니 하나의 차원을 더 도입한 것일까?

물리학자의 눈에 〈그래비티〉가 재난영화였다면, 〈인터스텔라〉는 상대성이론의 탈을 쓴 SF다. 이렇게 많은 사람들이 상대성이론에 대해 관심을 가진 적이 있었을까? 다 이 영화 덕분이다. 하지만 달을 가리키는데 왜 손가락을 보느냐는 화두가 있다. 〈인터스텔라〉의 과학적 진위를 두고 말들이 많지만, 크리스토퍼 놀란 감독의 메시지는 다른 데 있는 게 아닐까? 지구는 인간의 소유물이 아니며, 인간을 위해 존재하는 것도 아니다. 지구가 우리를 버리면 우리는 멸종되거나 떠나는 수밖에 없다. 인생은 빈손으로 와서 빈손으로 가는 거다. 우주도 그렇다. 〈인터스텔라〉의 진짜 주인공은 블랙홀이 아니라 지구다. 영화는 우리가 지구의 주인이 아니라 세입자라는 것을 일깨워준다. 지구가 나가라면 나갈 수밖에 없다.

물리학자에게 '우연'이란
「바빌로니아의 복권」,『픽션들』

로또는 1부터 45까지의 숫자 6개를 맞히는 게임이다. 당첨 확률은 대략 800만 분의 1. 동전을 연속으로 23번 던져 앞면만 나올 확률과 비슷하다. 2017년 1등 당첨자의 평균 상금이 세금 빼고 16억 정도라니까 기댓값은 200원에 불과하다. 현재 복권 한 장의 가격은 1,000원이다. 필자 같은 빡빡한 물리학자는 절대 안 살 거라는 이야기다.

복권을 사면 돈을 날리거나 상금을 받거나 둘 중의 하나다. 만약 복권 당첨 상품이 벌금을 내는 것이라면 어떻게 될까? 예를 들어 6등에 당첨되면 100만 원을 받는 게 아니라 내야 한다. 재미로 해볼 수 있겠지만, 막상 벌금에 당첨되면 무진장 화가 날 것이

다, 많은 이들이 벌금을 안 내고 버티지 않을까? 어쩌면 결국 구
속 수감될 것이다. 이런 일이 반복되다 보면 6등 당첨자는 구속되
는 것이 벌칙으로 자리 잡을지도 모른다. 역설적이게도 이 때문에
사람들은 복권에 더욱 열광하게 될 수 있다. 벌칙은 점점 더 가혹
해지고 복권 가격은 오른다. 복권을 사지 못하는 가난한 사람들은
누구나 복권을 사게 해달라고 시위를 하게 될지도 모른다. 결국 복
권 구입은 전 국민의 의무가 되고 벌칙에는 사형까지 포함된다. 이
게 말이 될까?

　　호르헤 루이스 보르헤스의 단편소설 「바빌로니아의 복권」의
내용이다. 보르헤스는 특유의 납득할 만한 비약과 논리적인 과장
으로 이런 사회가 만들어지는 필연적인 과정을 보여준다. 복권은
'회사'라는 정체불명의 조직이 운영한다. 복권의 결과를 완전한 우
연이라고 보는 것은 회사의 능력을 과소평가하는 것이다. 회사는
각각의 사람이 느끼는 희망과 공포를 모두 알거나 혹은 그렇다고
사람들이 믿게 만들었다. 그렇기 때문에 복권의 결과는 완벽하게
조율된 필연적인 우연이었다. 물론 회사의 운용 방식은 철저한 비
밀에 붙여 있었다. "회사의 사람들은 전지전능했고(하고), 매우 빈
틈이 없었다(없다)." 과거형과 현재형이 뒤섞인 표현은 이제 회사가
신神이 되었음을 의미한다.

　　복권의 결과에 승복하는 것은 그것이 우연으로 정해지기 때

문이다. 하지만 나 같은 물리학자에게 우연은 단순한 개념이 아니다. 동전 던지기 정도로 구현할 수 없다는 말이다. 아니, 동전 던지기 결과가 우연으로 정해지지 않는다고? 그렇다. 동전 던지기는 중력하에서 던져 올린 물체의 운동에 불과하다. 교과서에서는 연직상방운동이라 부른다. 고등학교 물리시험 문제의 악몽이 떠오르지 않나? 교과서에서 동전은 크기가 없는 점 하나로 기술된다. 이런 말도 안 되는 설정 때문에 학생들이 물리를 싫어한다는 것을 안다. 하지만 동전이 크기를 가지면 회전할 수 있기 때문에 대학에 가야 풀 수 있는 어려운 문제가 된다.

'동전의 정확한 초기조건', '강력한 컴퓨터', '물리학과 대학원생'이라는 조건이 갖추어지면 50%보다 높은 확률로 결과를 맞힐 수 있다. 대학원생에게 결과를 맞혀야 졸업할 수 있다고 이야기해주면 예측 확률은 99%에 가까워진다. 그럼 왜 물리학자들은 동전 던지기를 하는 걸까? 그들이 사악해서가 아니다. 계산하기 귀찮거나, 초기조건을 모르기 때문이다. 실제 계산의 어려움은 귀찮다는 말로는 부족하다. 다만, 원리적으로 계산할 수 있다는 것이 중요하다.

뉴턴의 운동법칙은 미분방정식으로 기술된다. 미분방정식의 철학은 단순하다. 미분은 기계적인 절차의 기술이다. 오른발 다음에 왼발을 내딛으라는 알고리즘이다. 한 걸음을 제대로 내딛을 수 있다면 걸어서 어디든 갈 수 있는 것과 같다, 정확히는 이용한 두 시각 속도들 사이의 관계다. 우주는 시간의 시작부터 끝까지 뉴턴 법칙이 기술하는 방식으로 손을 맞잡고 늘어선 기다란 시간의 체인이다. 모든 것은 정해져 있다. 뉴턴은 이렇게 세상에서 우연을 몰아냈다.

"회사는 신성한 겸손함을 가지고 자신을 비밀로 만들어버렸습니다." 보르헤스는 글의 마지막에 가서 회사가 '신'이라는 것을 분명히 밝힌다. 신은 필연적 우연과 우연적 필연을 가져야 한다. 추종자에게 벌을 주는 신일 때에는 더욱 그러하다. 유다가 예수를 배반한 것은 필연이다. 그러지 않았다면 예수는 십자가에서 죽지 않았을 것이며 부활하지도 못했을 것이다. 그렇다면 유다는 왜 지옥에 가야 했을까? 모든 것이 필연이라면 누구에게도 죄를 물을 수 없다. 죄가 없다면 벌도 없다. 벌을 주기 위해서는 '우연'이 필요하다.

유다는 우연히 선택된 것이다. 그렇다면 유다는 단지 재수가 없었던 것일까? 바빌로니아였다면 우연으로 당첨된 복권의 벌칙은 합법적이다. 복권의 결과는 완벽하게 조율된 필연적인 우연이기도 하다. 복권의 벌칙이 처음 등장했을 때 사람들은 열광했겠지만, 그것이 나중에 지옥을 만들고 자신들에게 죄를 뒤집어씌울 줄은 몰랐으리라. 이제는 복권을 욕할 수도 없고 피할 수도 없다. 회사는 각각의 사람이 느끼는 희망과 공포를 모두 알았기 때문이다.

사실 회사는 이보다 더욱 영악하다. 그들은 이제 우연을 '자유의지'라고 부른다. 유다는 자유의지로 예수를 팔아넘겼다. 자유의지는 우연이 아니다. 복권을 뽑기 전에는 모든 것이 우연이지만 일단 결과가 나오면 자유의지에 따른 선택이 된다. 우연히 복권의 벌칙에 뽑힌 것도 억울한데, 내가 스스로 자초한 거라는 비난마저 받아야 하는 거다. 세상 모든 것은 신이 정한 필연이지만, 복권에 당첨되는 것은 나의 자유의지다.

뉴턴역학은 바빌로니아에 균열을 일으킨다. 자연법칙은 미분방정식으로 기술된다. 세상에 우연이 들어설 자리는 없다. 그러면 자유의지는? 자유의지가 없다면 죄도 없다. 복권의 벌칙에 당첨된 나의 선택에 비난받지 않아도 된다. 하지만 우리는 죄를 벌하지 못하는 무법천지의 세상을 살아야 할 거다. 그래서 보르헤스는 회사가 빈틈이 없었다고 한 걸까. 철학자 르네 데카르트는 뉴턴이 야기한 무법천지의 아수라장에서 세상을 구한다. 바로 '영혼'이라는 새로운 복권을 만들어낸 것이다. 영혼은 뉴턴법칙의 지배를 받지 않는다. 영혼에는 우연이 있고 자유의지가 있다. 이렇게 근대철학자는 우리에게 죄를 돌려주고 지옥을 리모델링했다.

오늘도 우리는 복권을 산다. 벌칙에 걸리지 않은 것을 회사에게 감사하며 하루하루를 산다. 하지만 잘되었다. 모든 게 잘되었

다 투쟁은 끝이 났다, 우리는 자신과의 투쟁에서 승리를 거둔 것

이다. 우리는 "빅 브라더를 사랑했다".

3부

관계에 관하여

힘들이 경합하는 세계

서로가 서로에게 낙하한다

추락, 전락, 낙하

추락하는 것은 날개가 있다. 틀렸다. 공은 날개가 없지만 추락한다. 사람도 추락할 수 있다. 알베르 카뮈의 소설 『전락La Chute』에는 한때 세속적으로 잘나가던 변호사 클라망스가 등장한다. 그의 삶은 서서히 전락轉落해간다. 다리에서 뛰어내려 투신자살하는 젊은 여자를 보고도 그냥 지나쳐버렸기 때문이다. 이 사건으로 그의 양심에 일어나기 시작한 파문은 결국 그를 바닥까지 추락시킨다. 클라망스의 전락은 여인의 추락에서 시작되었다. 그의 잘못은 악惡을 적극적으로 행한 것이 아니라 방조한 것에 있다. 카뮈는 이

소설을 통해 악에 대한 각성과 반항을 말하고 있다. 나치즘을 방조한 유럽이 치른 대가를 보라.

사람은 왜 추락할까? 아리스토텔레스에 따르면, 사람은 흙으로 되어 있고, 흙이 있어야 할 자리는 바닥이다. 모든 물질은 그것이 있어야 할 자리로 돌아가려는 속성이 있다. 그래서 사람은 바닥으로 떨어진다. 그렇다면 달은 왜 안 떨어지나? 우주는 지상과 천상으로 분리된다. 돌이나 흙은 지상의 세계에 속한다. 달과 같은 천상의 물체들은 지상의 것과 완전히 다른 존재다. 그들은 무게도 없고 색깔이나 냄새도 없으며, 그냥 일정한 속도로 지구 주위를 영원히 움직인다. 이것이 2,300년 전 고대 그리스의 철학자 아리스토텔레스가 제시한 물체의 낙하에 대한 답이다.

문제는 천상으로부터 시작된다. 해는 동쪽에서 떠서 서쪽으로 진다. 이처럼 천상의 물체들은 모두 동쪽에서 서쪽으로 일정하게 움직인다. 하지만 여기서 벗어난 것들이 있다. 사람들은 이들을 '행성'이라 불렀다. 행성의 영어 'planet'의 어원은 '떠돌이'를 뜻하는 'planetai'다. 이 가운데 화성은 이따금 완전히 반대 방향, 즉 서쪽에서 동쪽으로 돌기도 했으니 당시 천문학의 재앙이라 할 만했다. 사실 코페르니쿠스의 지동설은 행성들의 떠돌이 운동을 쉽게 설명하려는 의도에서 제안되었다. 하지만 당시 지동설에는 많은 문제가 있었다.

우선 천동설보다 정확하지 않았다. 당시 천동설은 행성의 운동을 설명하기 위해 이미 상당한 개량이 이루어져 있었다. 지구 주위를 단순히 원운동 한다는 기존의 이론에서, 원운동 하는 중심 주위를 이중으로 원운동 한다는 식으로 이론이 보완되어 있었다. 이런 원들을 '주전원'이라 불렀다. 주전원을 고려한 천동설의 계산 결과는 지동설의 예측보다 정확했다. 더구나 지동설이 옳다면 지구가 움직이는 것인데, 우리는 왜 그것을 느끼지 못하는 것인지 이해할 수 없었다. 『성경』의 여호수아 10장 12절에 보면 이스라엘의 지도자 여호수아가 태양을 멈추는 장면이 나온다. 지구가 아니라 태양이 돌아야 가능한 내용이다. 이것이야말로 지동설의 비극이었다. 중세유럽에서 『성경』은 절대적 권위를 가지고 있었기 때문이다. 덕분에 지동설을 지지하는 사람은 고문을 받거나 화형을 당해야 했다.

지동설의 약점은 하나씩 보완되어갔다. 케플러의 눈물겨운 계산으로 행성들의 운동 궤도가 원이 아니라 타원이라는 것이 알려지자 지동설의 결과는 천동설보다 정확해졌다. 거기에 갈릴레오의 망원경은 지동설이 옳다는 결정적 증거들을 주었다. 물론 이 때문에 갈릴레오는 종교법정에 서야 했지만 말이다. 당시 유럽은 '30년전쟁'이라는 최악의 종교전쟁을 치르는 중이었으니 화형당하지 않은 것만도 다행이었다.

지동설은 아리스토텔레스의 낙하이론에 규열을 일으키다. 태양이 우주의 중심이라면 지구는 왜 태양으로 떨어지지 않는가? 지구도 천상의 물질이라 태양 주위를 영원히 움직이나? 그렇다면 왜 지구상의 모든 물체는 지구의 바닥으로 떨어지는 걸까? 화성도 지구처럼 태양 주위를 돈다. 화성 위에서 돌을 떨어뜨리면 화성, 지구, 태양 가운데 어디로 떨어져야 할까? 돌이 왜 바닥으로 떨어지는지에 대해 완전히 새로운 이론이 필요하게 된 것이다.

달은 낙하하고 있다

지동설은 지구를 일개 행성으로 전락시켰다. 이제 지구상 물체의 낙하는 우주적 운동과 분리될 수 없게 되었다. 뉴턴이 등장할 차례다. 뉴턴의 중력이론은 낙하에 대한 오랜 철학적 논쟁에 종지부를 찍는다. 그의 아름다운 설명을 들어보자.

질량을 가진 '모든' 물체는 중력이라는 힘으로 서로 끌어당긴다. 그래서 중력을 만유인력萬有引力이라고도 부른다. 사과가 (지구의) 바닥으로 떨어지는 것은 지구와 사과 사이에 중력이 작용하기 때문이다. 물론 태양이나 화성도 사과를 당긴다. 하지만 우주의 모든 물체가 사과에 작용하는 중력을 모두 더해보면 결과적으로 지구로 끌려가는 힘이 남는다. 거리가 멀수록 중력이 작아지기 때문이다.

그렇다면 사과는 떨어지는데 달은 왜 떨어지지 않을까? 지구와 달 사이에도 중력이 작용한다. 따라서 달도 지구로 떨어진다. 달이 낙하한다고? 사과를 야구공 던지듯 수평으로 던지면 포물선을 그리며 낙하한다. 지구가 편평하다면 사과를 아무리 세게 던져도 결국 바닥에 떨어질 거다. 하지만 사과가 낙하하는 거리만큼 땅바닥이 덩달아 밑으로 가라앉으면 사과는 바닥에 닿지 않을 수 있다. 지구가 둥글기 때문에 가능한 이야기다. 날아가며 낙하한 거리가 (지구가 둥글어) 내려앉은 거리와 일치한다면 말이다. 달이 낙하하지만 바닥에 닿지 않는 이유다.

낙하에 대한 단순하고 아름답고 심오한 설명이다. 모든 물체는 서로 끌어당긴다. 따라서 서로가 서로에게 낙하한다. 지구는 태양으로 낙하하고 있지만 태양에 닿지 않는다. 인공위성은 지구로 낙하하고 있지만 바닥에 닿지 않는다. 태양은 우리은하 중심의 블랙홀을 향해 낙하하고 있지만 블랙홀에 닿지 않는다. 뉴턴은 이 모든 사실을 수학적으로 증명하였다. 그 과정에서 $F=ma$라는 운동법칙을 정립했음은 물론, 이 식을 풀기 위해 미적분이라는 수학마저 만들어냈다.

모든 물체는 서로 끌어당긴다. 따라서 서로가 서로에게 낙하한다. 달도 낙하하고 있다.

자연과 그 법칙은 어둠에 숨겨져 있었네.

신이 말하길 "뉴턴이 있으라!"

그러자 모든 것이 광명이었으니.

뉴턴의 죽음에 헌정한 시인 알렉산더 포프의 조사弔詞에는 과장이 없다는 생각마저 든다.

아인슈타인의 중력

이것으로 낙하 문제는 완전히 해결된 걸까? 뉴턴의 이론에는 이해할 수 없는 것이 두 가지 있었다. 우선 멀리 떨어진 두 물체 사이에 중력이 어떻게 전달되는지 알 수 없었다. 달은 지구가 자신을 당기는지 어떻게 아는 걸까? 더구나 중력은 거리에 따라 달라진다. 달은 지구로부터의 거리를 어떻게 알 수 있을까? 두 번째 질문은 운동법칙 $F=ma$에 왜 질량(m)이 등장할까 하는 거다. 중력을 일으키는 질량이 왜 운동법칙에도 나타나야 할까?

운동법칙의 질량과 중력의 질량은 완전히 똑같다. 그래서 중력을 받으며 운동하는 물체를 기술할 때, 두 개의 질량이 상쇄되어 운동방정식에서 사라진다. 지구상의 물체가 모두 같은 속도로 낙

하하는 이유다 이 때문에 이탈리아의 피사는 기요이지 되을 나어
오는 사람들로 북새통을 이룬다.

중력이 어떻게 전달되느냐는 의문에 대한 단서는 전자기 현
상에서 나온다. 두 개의 자석은 방향에 따라 서로 당기거나 밀어낸
다. 이들은 서로의 존재를 어떻게 아는 걸까? 사실 이 질문은 중력
에서 했던 질문과 완전히 같은 것이다.

질량이 있으면 주변에 중력장이 존재한다. 마치 거미가 있으
면 주위에 거미줄이 있는 것과 같다. 달은 지구를 직접 느끼는 것
이 아니라 지구가 만든 중력장을 느낀다. 질량이 움직이면 중력에
변화가 생기며 이 변화는 중력장의 진동으로 전달될 것이다. 그 진
동의 이름은 '중력파'다. 2017년 노벨물리학상은 중력파를 실제로
관측한 과학자들에게 수여되었다. 중력파란 정확히 무엇이 진동하
는 걸까? 이에 대한 답을 얻으려면 앞서 이야기한 두 번째 질문을
생각해야 한다.

뉴턴의 운동법칙 $F=ma$에는 세 개의 알파벳이 등장한다. 힘
(F), 질량(m), 가속도(a)다. 뉴턴에 따르면 이 수식은 왼쪽에서 오른
쪽 방향으로 해석된다. 물체에 힘(F)을 가하면 가속(a)된다. 속도가
바뀐다는 의미다. 같은 힘에 대해 질량(m)이 클수록 가속은 작다.
문제는 왜 질량이 여기 있냐는 것이다.

지하철이 설 때 몸이 앞으로 쏠린다. 정지해 있던 몸이 앞으

로 쏠린다는 것은 움직이기 시작했다는 말이니 가속되었다는 뜻이다. 하지만 중력이나 전자기력같이 나를 앞으로 미는 힘은 없다. 그렇다면 이 가속의 정체는 무엇일까? 내가 탄 지하철의 속도가 줄어들면 나의 속도도 줄어든다. 그렇지 않으면 결국 지하철은 멈추고 나는 계속 달려서 지하철의 통로문에 부딪히게 될 테니까. 지하철이 설 때, 내가 느끼는 속도의 변화는 외부의 힘에 의한 것일까? 하지만 여기에 힘은 없고 단지 지하철이 정지하고 있을 뿐이다. 아인슈타인이 등장할 차례다.

가속되는 사람은 (존재하지도 않는) 힘을 느낀다. 뉴턴의 운동법칙 $F=ma$를 이번에는 오른쪽에서 왼쪽으로 가며 해석해보자. 그 사람이 느끼는 가속도에 질량을 곱하여 힘을 얻는다. 결국 이 힘은 질량이 만드는 것처럼 보인다. 질량이 만드는 힘은 중력이다. 결국 운동법칙에 질량이 등장하는 이유는 가속되는 사람이 느끼는 힘이 중력과 같기 때문이다. 아인슈타인은 이것을 '등가원리'라고 불렀다. 가속과 중력을 구별할 수 없다는 것이다.

이제 아인슈타인의 특수상대성이론이 필요하다. 정지한 사람과 움직이는 사람의 시간과 공간이 다르다는 의미다. 멈추는 지하철을 다시 생각해보자. 지하철이 멈추는 동안 나의 속도도 점점 줄어든다. 특수상대성이론에 따르면 속도가 있는 사람은 정지한 사람과 시공간이 다르다. 속도가 점점 줄어들면 시공간의 다른 정도가 점점 변할 것이다. 가속되는 동안 시공간에 연속적인 변형이 생긴다는 말이다. 둘레길이가 연속적으로 변하면 콜라병과 같이 휘어진 곡면이 만들어지듯이 시공간이 휘게 된다. 등가원리에 따르면 가속은 중력과 구별되지 않는다. 결국 중력은 시간과 공간을 휘어지게 만든다. 중력파는 시공간이 휘어지고 변형되며 만들어내는 진동이다.

『전락』의 클라망스는 추락하는 여인을 보고 전락한다. 물체가 왜 추락하는지는 문명의 역사만큼이나 오래된 의문이었다. 아리스토텔레스는 추락에서 물질의 본성을 보았고, 뉴턴은 두 물체 사이에 작용하는 힘을 보았으며, 아인슈타인은 시공간의 변형을 보았다. 인간이 추락의 본질을 이해하거나 말거나, 오늘도 날개가 있는 것들이 추락한다. 날개가 없는 것들은 말할 것도 없다. 추락하는 것은 질량이 있다.

존재의 떨림으로 빈 곳은 이어진다

우주에 존재하는 네 가지 힘

우주에는 네 종류의 힘이 존재한다. 중력, 전자기력, 강한 핵력, 약한 핵력이 그것이다. 일상생활에서 핵력을 느끼려면 태양을 보면 된다. 태양이 빛을 내는 이유는 핵력과 관련된 핵융합반응 때문이다. 원자력발전소에 가봐도 핵력의 위력을 볼 수 있다. 이처럼 핵력은 방사능과 관련된 힘이다.

중력은 빵을 떨어뜨리면 항상 잼 바른 면이 아래로 향한다는 머피의 법칙과 관련된 힘이다. 정확히는 빵을 낙하시키는 힘이다.

모든 물체들 사이에 중력이 작용하지만, 지구상에서는 지구의 중력이 워낙 커서 다른 물체들의 중력은 있으나 마나다. 당신이 빵을 들고 있다가 손을 놓으면, 놓은 그 찰나의 순간 빵은 정지 상태에 있다. 정지 상태는 속도가 0인 등속운동이다. 따라서 운동법칙에 따르면 그 상태를 유지해도 무방하다. 실제 우리 주위의 많은 물체들이 그 자리에 정지 상태로 존재한다. 하지만 곧 빵은 바닥을 향해 움직이기 시작한다. 뉴턴이 옳다면 여기에는 힘이 있어야 한다. 바로 중력이다! 물리는 운동을 이런 식으로 분석한다.

손가락으로 지우개를 밀면 지우개가 움직인다. 이것은 무슨 힘으로 움직이는 것일까? 손가락으로 지우개를 밀 때, 방사능 걱정할 사람은 없으니 두 종류의 핵력(강한 핵력, 약한 핵력)은 아니다. 내가 지우개를 미는 것은 중력과는 관련 없다. 지구상에서 중력은 낙하를 일으킬 뿐이다. 우주에 힘이 네 개뿐이라고 했으니, 전자기력이 아니라면 우리는 지금 제5의 힘을 찾은 것이다.

사실 우리 주위에서 일어나는 대부분의 자연현상은 전자기력 때문이다. 지금 당신이 이 글을 읽을 수 있는 것도 전자기력 때문이다. 신문 또는 스마트폰에서 출발한 전자기파, 즉 빛이 당신의 눈에 도달한다. 눈의 망막에 있는 분자들이 빛 때문에 변형을 일으키고, 그 결과 화학신호가 발생하고, 그것이 전기신호가 되어 뇌로 전달되는데, 이 모든 것이 전자기력 때문이다. 심지어 당신이 글을 인식하고 이해하는 것도 뇌 속의 전기적 작용, 즉 전자기력 때문이다. 우리가 실용적 목적으로 사용할 수 있는 힘은 모두 전자기력이다. 우리 주변 대부분의 기계들이 전기를 이용하는 이유다. 전기가예뻐서 그러는 것이 아니다. 다른 가능성이 없기 때문이다.

전자기력

중력을 일으키는 것은 입자의 '질량'이다. 전자기력은 '전하'가일으킨다. 겨울철, 문고리를 잡을 때 정전기의 충격을 느낀 경험이있을 것이다. 그 순간 당신은 전하의 존재를 경험한 것이다. 일상에서 전하를 느끼기는 쉽지 않다. 전하에는 양(+)과 음(−)의 두 종류가 있는데, 대개 이들이 같은 양만큼 있어 상쇄되어 전하가 없는중성으로 존재하기 때문이다. 반면에 양(+)의 질량을 상쇄시킬 음(−)의 질량은 존재하지 않기에 질량은 상쇄되는 법이 없다. 질량은언제나 양(+)의 값을 갖는다. 그래서 중력을 숨길 방법은 없다.

힘은 두 입자 사이에 작용한다. 입자가 혼자 있을 때 힘은 존재하지 않는다. 즉, 힘은 상호관계다. 인간 사이의 상호관계는 얼마나 오래 만났는지, 성격이 얼마나 일치하는지에 따라 결정된다. 힘에서는 입자 사이의 거리가 중요하다. 놀랍게도 중력과 전자기

력의 크기는 모두 거리 제곱에 반비례한다. 즉, 거리가 2배, 3배로
멀어지면 힘의 크기가 4배, 9배로 작아진다. 우리가 멀리 있는 블
랙홀을 걱정하지 않아도 되는 이유다.

　중력과 전자기력 가운데 어느 것이 더 강할 것 같으냐고 물어
보면, 많은 이들이 중력이라고 답한다. 사실 엄밀히 말해서 이 질
문은 잘못된 거다. 서로 다른 것을 비교할 때는 가정이 필요하다.
물질의 최소단위인 원자도 원자핵과 전자로 나뉠 수 있는데, 전자
는 더 이상 나뉘지 않는 기본입자의 하나다. 전자는 전하와 질량을
모두 가지고 있으므로 중력과 전자기력을 동시에 느낄 수 있다. 두
전자 사이에 작용하는 중력과 전기력의 크기를 비교해보면 전기력
이 훨씬 크다는 것을 알 수 있다. 사실 '훨씬'이라는 부사는 부적절
하다. 전기력이 4,100,000,000,000,000,000,000,000,000,00
0,000,000,000배 더 크기 때문이다. 그래서 전자를 연구할 때 중
력은 완전히 무시된다.

　전자기력은 강하다. 이 때문에 홀로 있는 전하를 보는 일은
흔치 않다. 어딘가 양전하나 음전하가 존재하면 바로 반대의 전하
를 끌어당겨 총 전하량이 0이 되어버리기 때문이다. 이 때문에 역
사적으로 중력이 먼저 발견되고, 전자기력은 19세기에나 제대로
알려진다. 전자기력은 물질 내부에 꽁꽁 숨어 있었던 거다. 전기력
과 자기력을 구분하여 말하기도 하지만, 물리학에서는 이를 합쳐

서 '전자기력'이라고 부른다. 사실 이 둘은 하나이기 때문이다.

패러데이의 장

두 전하 사이에 존재하는 전자기력은 어떻게 전달되는 걸까? 뉴턴이 살아 있었다면 중력과 마찬가지로 '원격작용'이라 답했을 것이다. 공간을 넘어 단번에 전달된다는 뜻이다. 실제로 당시 대부분의 학자들은 이런 입장이었다. 하지만 여기서 전자기의 슈퍼스타 마이클 패러데이가 등장한다. 오늘날 우리는 전기 없이 살 수 없다. 발전소에서 만들어지는 전기는 기본적으로 패러데이의 원리에 기초한다. 패러데이는 다윈과 더불어 19세기 최고의 과학자다.

자석 주위에 철가루를 뿌리면 특정한 패턴을 이루어 정렬하는 것을 볼 수 있다. 지구상에서 나침반이 작동하는 것은 이 때문이다. 철가루 하나하나가 작은 나침반인 셈이다. 나침반을 들고 남극에서 북극으로 이동하며 나침반 바늘의 방향을 기록하여 연결하면, 남극에서 출발하여 북극까지 이어지는 하나의 곡선을 얻을 수 있다. 아마도 자기력은 이 선을 따라 전달되는 것이 아닐까? 패러데이는 이것을 자기력선 혹은 자기장場이라 불렀다. 즉, 자석 주위의 공간은 자기장으로 가득 차 있다는 것이다. 원격작용의 입장에서 말도 안 되는 소리다 패러데이는 정시 교육을 거의 받으 지 읽는 성실한 과학자였다. 그래서 기존의 학설에 덜 얽매였다고 볼 수 있다.

그렇다고 해도 상대가 뉴턴이다. 패러데이는 어떻게 감히 뉴턴의 생각을 거부할 용기를 갖게 된 걸까. 이에 대해 두 가지 이야기가 전해진다. 하나는 패러데이의 종교 때문이라는 것이다. 그는 소수교파인 샌더만파 교인이었는데, 신성神性은 어디서나 존재한다는 교리를 가졌다고 한다. 즉, 공간은 텅 비어 있을 수 없다는 것이다. 둘째로 뉴턴의 알려지지 않은 편지를 읽었기 때문이라고 전해지기도 한다. 그 편지에서 말년의 뉴턴은 원격작용이 바보 같은 생각이며 제대로 된 사람이라면 그렇게 생각하지 않을 거라 말하고 있다. 뉴턴도 원격작용에 대해 회의적이었던 것이다.

패러데이의 주장은 학계에서 인정받지 못했다. 단 한 사람, 제임스 맥스웰 빼고 말이다. 1873년 맥스웰은 패러데이가 제안한 장의 존재를 인정하고 이를 기술하는 방정식들을 구했다. 맥스웰의 논문을 보면 그가 장을 이해하기 위해 눈물겨운 사투를 벌였다는 사실을 알 수 있다. 공간에 가상의 톱니바퀴들이 서로 맞물려 돌아가는 모형을 도입했을 정도다. 전하나 자석 주위에 보이지 않는 전기장, 자기장이 충만해 있다는 것은 맥스웰도 쉽게 설명하기 힘들었던 모양이다.

맥스웰의 이론도 그가 죽을 때까지 가설로서만 다루어진다. 공간에 존재한다는 장을 누군가 실험으로 확실히 보여줘야 했다. 물리학자들이 전자기현상을 완전히 이해하기도 전에 전기는 이미 산업에 이용되기 시작했다. 1844년에 워싱턴과 볼티모어를 잇는 첫 번째 상업 전보선이 개통되었고, 1858년에는 유럽과 미국을 연결하는 대서양 전신선 개설공사가 시작되었다. 전신이란 전선을 연결하여 전류만 통했다 끊었다 하면 할 수 있는 일이다. 하지만 대서양을 가로지르는 전선을 개설하는 것은 좀 다른 차원의 문제였다.

패러데이의 장을 고려하지 않는다면 도선을 가급적 얇은 절연체로 감싸고 외부를 튼튼히 금속으로 보호하는 것이 옳다. 하지만 장을 고려하면 도선 주위를 우선 두꺼운 절연재로 감싸야 했다. 외부로 빠져나가는 장을 줄여야 하기 때문이다. 패러데이의 주장이 학계의 정설이 아니었기에 첫 번째 시도는 참담한 실패로 끝난다. 도선을 연결했지만 대서양을 지나며 신호가 모두 외부로 새어나가 거의 전달되지 못했기 때문이다. 결국 앞서 말한 장을 고려한 방법으로 1866년 대서양 횡단 통신이 성공한다.

어린 시절 가지고 놀았던 실전화기는 실의 진동으로 소리를 전달한다. 공간이 전자기장으로 가득하다면 장을 진동시켜 무언가 전달할 수도 있을 거다. 맥스웰이 전자기장의 진동을 기술하는 수

식을 구하고 보니, 놀랍게도 이 진동은 바로 '빛'이었다. 상이라는
아이디어가 뜻하지 않게 "빛은 무엇인가?"라는 오랜 난제의 해답
까지 준 것이다. 1887년 하인리히 헤르츠는 전자기파의 존재를 실
험으로 입증한다. 핸드폰의 무선통신은 바로 이 헤르츠의 전자기
파를 이용하는 것이다.

전하가 있으면 그 주위에는 눈에 보이지 않는 전기장이 펼쳐
진다. 중력도 마찬가지다. 질량을 가진 물체 주위에는 중력장이 펼
쳐진다. 전기장을 흔들면 전자기파가 생기듯, 중력장을 흔들면 중
력파가 발생한다. 우주에 빈 공간은 없다. 존재가 있으면 그 주변
은 장으로 충만해진다. 존재가 진동하면 주변에는 장의 파동이 만
들어지며, 존재의 떨림을 우주 구석구석까지 빛의 속도로 전달한
다. 이렇게 온 우주는 서로 연결되어 속삭임을 주고받는다.

이렇게 힘은 관계가 된다.

우주에 빈 공간은 없다. 존재가 있으면 그 주변은 장으로 충만해진다. 존재가 진동하면 주변에는 장의 파동이 만들어지며, 존재의 떨림을 우주 구석구석까지 빛의 속도로 전달한다. 이렇게 온 우주는 서로 연결되어 속삭임을 주고받는다.

현대 문명의 모습을 결정한 수식

전기장과 자기장

1860년 스코틀랜드의 애버딘대학과 킹스 칼리지가 합병되었다. 중복되는 교수직은 하나로 통합되어야 했다. 애버딘의 제임스 맥스웰과 경합을 벌인 사람은 킹스 칼리지의 데이비드 톰슨이었다. 정치에 미숙했던 맥스웰은 교수직을 잃는다. 때마침 인근 에든버러대학에 자연철학 교수 자리가 생겼지만, 절친한 친구 피터 테이트가 맥스웰을 제치고 교수가 된다. 졸지에 실업자가 된 맥스웰은 낙담하여 고향을 떠나 런던으로 가야 했다. 그곳에서 맥스웰은 과학의 역사에 남을 방정식을 만들게 된다. 오늘날 우리는 그 방정식을 '맥스웰 방정식'이라 부른다.

　뉴턴이 만든 $F=ma$라는 방정식은 많이 알려져 있지만 맥스웰 방정식은 들어본 적이 없을 것이다. 현재 우리는 전기에 기반을 둔 문명 속에 살고 있다. 맥스웰 방정식은 모든 전기현상을 네 개의 방정식으로 정리한 것이다. 이 방정식은 전기장과 자기장을 기술한다.

　전기장과 자기장은 전자기현상을 설명하기 위해 마이클 패러데이가 도입한 것이다. 자석 주위에는 눈에 보이지 않는 자기장이란 것이 존재한다. 자석에 나침반을 가져가면 바늘이 움직이는 것을 볼 수 있는데, 바로 주변의 자기장 때문이다. 마찬가지로 '전하電荷'가 존재하면 주위에 전기장이 생긴다. 전하를 보기는 쉽지 않다. 그래서 전기장이 더 어렵게 느껴지는 듯하다. 겨울철 정전기가 튀는 순간 당신은 전하의 존재를 느낀 것이다. 따끔한 통증은 전기장의 소행이다.

　전기의 역사에서 결정적인 국면은 전류가 흐르는 도선 주위에 자기장이 생긴다는 발견이다. 전류電流는 말 그대로 전하의 흐름이다. 즉, 도선에 전류를 흘려주면 자석이 된다. 이름하여 전자석이다. 사실 전기로 움직이는 기계는 대부분 이 원리를 이용한다. 전기모터가 한 예다. 시계바늘이 12시를 가리키고 있다고 생각해보자. 3시의 위치에 자석을 놓으면 바늘이 3시로 회전할 것이다.

이제 3시의 자석을 없애고 6시에 자석을 놓으면 3시에 있던 바늘이 6시로 이동할 것이다. 그다음은 9시다. 이런 식으로 계속하면 바늘을 회전시킬 수 있다. 자석 대신 도선에 전기를 차례로 빠르게 흘렸다 끊었다 해도 된다. 이것이 전자석을 이용한 모터의 원리다.

정리해보자. 전하는 전기장을 만들고 전류는 자기장을 만든다. 그렇다면 자석의 자기장은 누가 만드나? 자석은 20세기 양자역학이 탄생한 다음에야 이해된다.

맥스웰 방정식

맥스웰 방정식은, 전하가 있다면 그 주위 공간에 전기장이 어떻게 분포하는지, 전류가 있다면 자기장이 어떻게 분포하는지 알려준다. 전기장, 자기장은 공간 어디에나 있다. 따라서 이들을 제대로 기술하려면 공간의 모든 지점에서 그 값을 알아야 한다. 주위의 빈 공간에 가상으로 3차원 격자를 그려보자. 3차원 바둑판을 생각하면 된다. 이제 그 격자의 모든 점에서 전기장, 자기장의 크기를 알 수 있어야 한다. 물론 격자는 무한히 촘촘해질 수 있다.

맥스웰 방정식에는 이것 말고도 다른 흥미로운 내용이 들어 있다. 자기장이 시간에 따라 변해도 전기장이 만들어진다. 전하 말고도 전기장을 만드는 방법이 있었던 거다. 어려운 내용 같지만 '패러데이 법칙'이라 불리는 것으로 학창 시절에 들어본 적 있을 거다. 쉽게 말해서 자석을 흔들면 주위에 전기장이 만들어진다. 아니, 이렇게 쉽게? 그렇다. 전기장이 만들어지면 전하가 힘을 받아 움직인다. 전류가 흐른다는 의미다. 결국 도선 근처에서 자석을 흔들어주면 도선에 전류가 흐르기 시작한다. 마술 같은 이야기로 들릴 수도 있지만, 이것이 오늘날 발전소에서 전기가 만들어지는 원리다.

도선이 정지하고 자석이 흔들리나, 자석이 정지하고 도선이 흔들리나 마찬가지다. 실제 발전기에서는 고정된 자석 내에서 도선이 회전한다. 회전하는 부분을 터빈이라 부른다. 결국 터빈을 돌려주면 전기가 만들어진다. 수력발전에서는 물이 떨어지며 물레방아 돌리듯이 터빈을 돌려 전기를 만든다. 화력발전에서는 석탄으로 물을 끓이고, 뿜어져 나온 수증기가 터빈을 돌린다. 원자력발전도 방사능물질이 핵분열하며 내는 열로 물을 끓여 수증기로 터빈을 돌린다. 패러데이 법칙이 없으면 전기도 없다.

자기장이 변하면 전기장이 만들어진다고 했다. 음양의 조화를 아는 사람이라면 이런 질문을 해야 마땅하다. 그 반대도 가능한가? 즉, 전기장이 변하면 자기장이 만들어지나? 답은 '그렇다'다. 자연은 음양의 조화를 아는 거 같다. 한 번 더 정리해보자. 전하가 있거나 자기장이 변하면 전기장이 만들어진다. 전류가 있거나 전기장이 변하면 자기장이 만들어진다. 맥스웰 방정식은 단지 이것을 수식으로 쓴 것에 불과하다.

눈썰미가 있는 사람이라면 여기서 재미있는 결과를 추론할 수 있다. 자기장이 변하면 전기장이 만들어진다. 반대로 전기장이 변하면 자기장이 만들어진다. 그렇다면 전기장이 자기장을 만들고, 그렇게 만들어진 자기장이 다시 전기장을 만드는 상황이 가능하지 않을까? 전하나 전류 없이, 오직 전기장과 자기장이 마치 에셔의 석판화 〈그리는 손〉처럼 서로가 서로를 만들어가며 공간으로 진행한다. 맥스웰은 이것에 '전자기파'란 이름을 주었다. 놀랍게도 전자기파가 정말 존재한다. 바로 '빛'이다.

전자기파

빛은 전자기파의 일종이다. 전자기파는 파장이나 주파수에 따라 그 종류가 나뉜다. 주파수가 커지는 순서로 알아보자. 우선 주파수가 작은 영역에 우리에게 익숙한 AM, FM 같은 라디오전파가 있다. TV나 핸드폰에 사용되는 전파도 대략 이 영역에 해당된다. 다음에 전자레인지에 쓰는 마이크로파가 나오고, 이후로 적

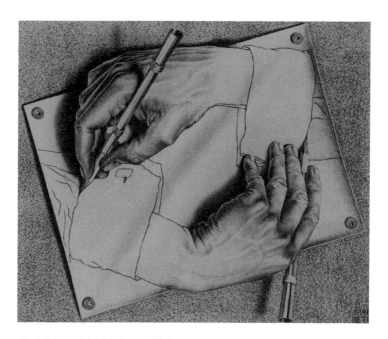

서로가 서로를 만들어가며 공간으로 진행한다.

외선, 가시광선, 자외선(UV), 엑스선 감마선이 있다. 여기 나온 모든 것이 맥스웰이 발견한 전자기파의 한 종류다. 맥스웰 방정식이 아니었으면 눈에 보이지 않는 빛, 즉 전파가 존재한다는 사실을 알 수 없었을 것이다. 물론 핸드폰도 없을 것이다.

맥스웰의 전자기파를 실험으로 확인해준 사람은 하인리히 헤르츠였다. 그의 이름은 진동수의 단위에 남아 있다. '89.1MHz(메가헤르츠) KBS 제2FM'의 헤르츠 말이다. 헤르츠가 실험에 성공한 것은 1887년 9월 17일이다. 이 성공에 과학계는 열광했다. 1895년 8월 마르코니는 전자기파를 이용하여 무선통신에 성공한다. 이것은 모스부호로 된 전신을 무선으로 보낸 거다. 1903년이 되면 대서양 너머 무선통신이 성공한다. 이 업적으로 마르코니는 1909년 노벨 물리학상을 수상한다. 헤르츠가 1894년 패혈증으로 사망하지 않았다면 공동수상했을 것이다. 1912년 4월 14일 타이타닉호는 자신이 침몰 중이라는 것을 무선전신으로 송신한다. 1920년대가 되면 라디오가 보급되고 '방송'이라는 개념이 생겨난다. 무선통신의 시대가 열린 것이다.

제2차 세계대전 중에는 전자기파가 영국을 구한다. 영국은 '레이더'라는 신기술을 가지고 있었다. 전자기파를 쏘아서 멀리 있는 물체의 존재를 알아내는 장비다. 당시 독일은 영국본토 공격에 앞서 폭격을 퍼붓고 있었다. 폭격기는 폭탄을 투하하는 것이 주 임

무라 크고 둔하다. 따라서 적의 날렵한 전투기가 나타나면 속수무책으로 당할 수밖에 없었다. 독일 전투기는 연료부족으로 영국 본토까지 폭격기를 호위할 수 없었다. 독일 전투기가 호위를 멈추고 돌아가는 순간이야말로 영국 전투기들이 독일 폭격기를 공격할 절호의 찬스였다. 따라서 영국으로서는 적의 공격 루트를 미리 정확히 알고 재빨리 출격하는 것이 중요했다. 독일공군은 공습을 갈 때마다 번번이 영국 전투기들의 대환영을 받아야 했다. 영국군은 레이더로 적의 움직임을 손바닥 보듯 알았던 거다. 결국 독일의 영국 침공 계획은 실패로 돌아간다.

전기기기의 원리

맥스웰이 그의 방정식을 쓰자, 그 순간 전기시대가 열렸던 것은 아니다. 전자기파는 예외지만, 사실 맥스웰 이전에 이미 전기는 실생활에 쓰이고 있었다. 맥스웰의 진정한 업적은 전기와 자기에 대해 알려진 사실들을 집대성하여 네 개의 수식으로 정리해낸 것이다.

상업전신이 개통된 것은 1844년이다. 전신은 전자석의 원리를 이용한다. 전기가 흐르면 자석이 되므로 금속을 끌어당길 수 있다. 금속을 전자석과 좁은 간격을 두고 고정시켜놓으면 저류기 흐를 때마다 금속이 전자석에 끌려가 부딪치게 된다. 이제 전기를 흘렸다 끊었다 하면 금속이 전자석에 붙었다 떨어졌다 하며 스위치의 움직임을 금속의 움직임으로 전달할 것이다. 도선이 충분히 길어서 스위치는 서울에 전자석은 부산에 있더라도, 그 신호는 빛의 속도로 전달된다. 1870년대가 되면 그레이엄 벨에 의해서 전화가 발명되고, 에디슨에 의해 축음기, 전구, 전동기 등이 발명된다. 영사기가 발명되어 영화라는 산업도 생긴다. 이제 전기는 20세기 인류 문명을 규정하게 된다.

20세기 중반 트랜지스터가 발명되기 전까지 전기의 이용은 기본적으로 맥스웰 방정식에 기반을 둔 것이다. (트랜지스터를 이해하려면 양자역학이 필요하다.) 맥스웰 방정식이 다루는 것은 전기장과 자기장이다. 따라서 전기를 이용한다는 것은 전기장과 자기장을 제어한다는 것에 다름 아니다. 에너지를 전기장 형태로 저장하는 장치를 '축전기'라고 하고, 자기장 형태로 저장하는 장치를 '코일'이라고 한다.

사실 축전기는 별거 아니다. 전기장은 전하가 만든다고 했으니까 전하를 저장할 수 있으면 된다. 전하에는 양(+)전하와 음(−)전하의 두 종류가 있다. 따라서 양전하와 음전하를 저장할 분리된 장소 두 개가 필요하다. 양전하와 음전하는 서로 당기니까 이 두 장소를 가까이 가져다 놓으면 전하들이 서로 당기며 고정된다. 실제로 축전기는 나란히 마주보고 있는 두 개의 금속판이다. 이렇게만 하면 부피가 너무 크기 때문에 띠 형태로 만들어서 셀로판테이프처럼 감아둔다. 코일도 별거 아니다. 자기장은 전류가 만든다고 했으니까 도선만 있으면 된다. 도선을 용수철 모양으로 둘둘 감아놓으면 그 내부에 자기장이 갇혀 저장된다.

에너지보존법칙에 따라 에너지는 전기에너지에서 자기에너지로 형태만 바뀐다. 전기를 이용하여 불을 밝히거나 전열기를 뜨겁게 하려면 전기에너지를 빛이나 열에너지로 바꿔야 한다. 이렇게 해주는 장치를 '저항'이라 한다. 만물이 원자들의 조합으로 되어 있듯이, 결국 모든 전기 장치는 축전기, 코일, 저항의 조합으로 구성된다. 전기난로는 저항이다. 니크롬선 같은 금속에 전류를 흘려주면 열이 난다. 백열전구는 저항이다. 텅스텐 같은 금속에 전류를 흘려주면 강한 빛이 난다. 물론 동시에 열도 발생한다. 그래서 여름에 백열전구를 켜면 괴로워진다.

라디오나 핸드폰 같은 장치는 전파를 보내거나 받을 수 있다. 전자기파를 송수신할 수 있어야 한다. 앞에서 전자기파는 전기장이 자기장으로, 자기장이 전기장으로 바뀌며 진행한다고 했다. 따라서 (전기장을 저장하는) 축전기와 (자기장을 저장하는) 코일을 서로 연결해주면 송수신기가 된다. 보통 코일을 L, 축전기를 C라고 쓰는데,

이런 연결회로를 'LC 공진회로'라고 부른다. 모든 헤드폰에는 LC 공진회로가 들어 있다. 여기서 만들어지는 전자기진동은 용수철에 달린 추의 진동과 수학적으로 동일하다. 단진동이라는 의미다.

뉴턴이나 아인슈타인은 알아도 맥스웰은 모르는 사람이 많다. 뉴턴은 물리학의 토대를 세우고 아인슈타인은 그것을 뒤집었다. 맥스웰은 현대 문명을 지금과 같은 모습으로 만들었다.

많은 것은 다르다

환원주의

손가락을 자세히 보면 지문이 보인다. 육안으로는 여기까지다. 현미경으로 보면 이제 울퉁불퉁한 피부 표면이 보일 텐데, 좀 더 확대해보면 세포가 보인다. 사회가 인간들의 모임이듯 우리 몸은 세포들의 모임이다. 더 확대해보면 세포를 이루는 소기관들이 보인다. 세포핵, 소포체, 미토콘드리아 같은 것들이다. 이 정도까지 확대하려면 비싼 전자현미경이 필요하다. 세포핵 내부를 보면 유전정보가 담긴 DNA가 보인다. 절반은 아버지, 절반은 어머니에게서 온 거다. DNA는 공 모양으로 뭉쳐 있지만 이것을 펴서 확대하면 탄소, 산소 같은 원자들이 보인다. 손가락에서 여기까지 오려면 100억 배 정도 확대해야 한다.

이제 원자를 확대해보면 원자핵과 그 주위를 도는 전자가 보이고, 원자핵을 확대해보면 양성자와 중성자가 보이고, 이들을 더 확대하면 쿼크가 보일 거다. 이쯤 되면 본다는 것이 무엇인지 설명하기도 쉽지 않다. 이처럼 세상은 보다 작은 것들의 모임으로 되어 있다. 물리학자는 모든 물질을 이루는 궁극의 단위와 이들을 기술하는 법칙을 찾으려 한다.

쿼크를 이해하면 이들이 모인 원자핵을 이해할 수 있고, 원자핵과 전자를 이해하면 원자를 이해할 수 있고, 원자를 이해하면 DNA를 이해할 수 있고, DNA를 이해하면 단백질을 이해할 수 있고, 단백질로 이루어진 세포소기관을 이해하면 세포를 이해할 수 있고, 세포를 이해하면 인간을 이해할 수 있고, 인간을 이해하면 사회를 이해할 수 있고… 이쯤 되면 내 이야기에 동의하지 않을지도 모르겠다. 이렇게 대상을 쪼개어 부분으로 나눈 다음, 이들로부터 전체를 이해하려는 방법을 '환원주의'라고 한다.

환원주의는 물리학에서 대단한 성공을 거두었다. 원자와 분자가 그 예다. 산업혁명은 증기기관과 함께 시작되었다. 증기기관을 설명하는 열역학은 '기체 분자'라는 개념에서 탄생했다. 눈에 보이지 않는 기체 분자들이 날아다니며 피스톤을 두들기는 것이 압력이다. 온도가 높아지면 기체 분자의 속력이 빨라진다. 이들이 피스톤을 밀어서 증기기관이 움직인다. 증기기관의 움직임은 눈에 보이지 않는 작은 기체 분자들의 운동으로 이해할 수 있다. 증기기관이야말로 기계가 인간의 일자리를 대규모로 대체한 첫 사례다.

기체 분자는 원자로 구성된다. 19세기 화학자들은 원자를 더 이상 쪼개어질 수 없는 물질의 최소단위라고 정의했지만, 20세기가 시작되자 원자에 세부구조가 있다는 사실이 알려진다. 원자의 세부구조를 기술하는 양자역학이 완성되자 원자들이 왜 그런 화학적 특성을 갖는지 이해된다. 수소는 왜 폭발하는지, 다이아몬드는 왜 단단한지 알게 된 것이다. 이때가 환원주의의 황금기였으리라. 여기서 화학은 양자역학의 응용에 불과하다는 환원주의적 발언이 나오게 된다.

알코올은 인간 역사에서 가장 중요한 유기화합물의 하나다. 술에 들어 있는 알코올은 효모라는 미생물이 설탕을 분해할 때 부산물로 나온다. 산소 없이 에너지를 만드는 이 과정을 발효라 부르는데, 루이 파스퇴르가 발견했다. 인간의 경우 산소를 이용하여 음식에 들어 있는 포도당을 분해한다. 우리가 숨을 쉬고 음식을 먹어야 하는 이유다. 파스퇴르는 발효가 단순한 화학반응이 아니라 생명의 고유한 현상이라며 여기에는 어떤 목적이 있을 거라고 확신했다. 이것을 생기론生氣論이라 한다. 화학으로 환원할 수 없는 생명의 고유한 현상이 있다는 생각이다.

파스퇴르가 죽은 후 에두아르트 부흐너(1907년 노벨화학상 수상)
는 발효가 화학반응에 불과하다는 것을 증명한다. 효모를 갈아서
즙을 내어 완전히 분해시킨 후에도 발효가 일어남을 보인 것이다.
발효는 생명의 고유한 작용이 아니라 효소들이 일으키는 화학반응
에 불과하며 효모는 일종의 화학공장이었던 것이다. 이 발견으로
생기론은 종말을 맞았으며 생명을 환원주의로 설명하는 시각이 득
세하기 시작한다. 환원주의는 현대 과학의 첨단무기였다.

많은 것은 다르다

1972년, 《사이언스》에 'More is different(많은 것은 다르다)'라는
필립 앤더슨(1977년 노벨물리학상 수상)의 에세이가 실렸다. 앤더슨은
고체물리 분야의 아인슈타인이다. 고체물리는 수없이 많은 원자들
로 이루어진 물질을 다루는 분야다. 물질의 다양성만큼이나 복잡
한 대상을 연구한다고 볼 수 있다. 고체물리학자들에게 세상 모든
것을 원자핵을 이루는 기본 입자로부터 모두 이해할 수 있을 거라
고 말하면 코웃음 칠거다. 이 에세이는 그런 시각에서 환원주의를
비판하는 내용을 담고 있다.

물리학은 여러 세부 분야로 나뉘어 있으며, 분야가 다르면 서로 소통이 쉽지 않다. 입자물리는 물질을 이루는 궁극의 근원을 탐색하는 분야로 20세기 주류물리학이 걸어온 길을 대표한다. 자연을 보는 시각이 환원주의에 가깝다고 할 수 있다. 반면 응집물리는 수없이 많은 원자들이 모여서 만들어진 고체를 탐구하는 분야로, 여기서는 많다는 것이 중요한 의미를 갖는다. 원래 '고체물리'라 불리던 분야였는데, 고체로 분류하기 애매한 대상도 다루기 때문에 지금은 응집물리라고 한다.

환원주의는 이렇게 주장한다. 원자물리는 입자물리의 응용에 불과하고, 화학은 원자물리에 불과하고, 생물학은 화학에 불과하고, 인간은 생물학으로 설명할 수 있다. 앤더슨의 비판을 이해하는 것은 어렵지 않다. 자연을 이해하는 데 있어 환원주의적 관점이 언제나 옳지는 않다는 거다. 만약 입자에서 원자, 화학, 생명, 인간으로 층위層位가 높아짐에 따라 이전 층위에서 예측할 수 없었던 새로운 법칙이 출현한다면, 환원주의처럼 단순히 말하기는 힘들 거다.

우리 몸은 원자로 되어 있다. 성인의 경우 원자 수는 대략 7,000,000,000,000,000,000,000,000,000개다. '0'이 27개다. 우리 몸을 이루는 원자는 주로 탄소, 수소, 산소, 질소의 네 종류다. 양자역학은 이들 원자를 완벽하게 기술한다. 하지만 아무리 원자 각각을 들여다본들 소화불량이 무엇인지 알아낼 방법은 없다. 원자들이 모여 단백질, 지방, 탄수화물이 되고, 이들이 모여 세포가 되고, 세포들이 모여 위장이 되는 과정에서 무엇인가 본질적인 변화가 일어났다는 뜻이다. 물론 나의 위장胃腸은 원자로 되어 있으며 이 원자들은 양자역학에 따라 운동한다. 더 나아가 원자는 쿼크와 전자로 되어 있으며 이들의 운동은 입자물리학이 설명한다. 하지만 입자물리나 양자역학에서 위장을 바로 설명할 수는 없다. 위장이 원자들의 집합인 것은 맞지만 위장의 기능이나 성질을 원자로부터 이끌어내는 것은 불가능하기 때문이다. 원자가 많으면 뭔가 달라진다.

사정이 이렇다 보니 아예 많은 것을 다루는 물리 분야가 따로 있다. 바로 통계물리다. 통계물리는 앞서 이야기한 기체 분자의 운동을 설명하는 열역학에서 탄생했다. 기체는 원자나 분자들이 날아다니는 상태다. 기체 상태에서는 물이나 철이 비슷해 보인다. 텅 빈 공간을 조그마한 입자들이 날아다니고 있다. 자세히 보면 하나는 물 분자고, 다른 하나는 철 원자일 뿐이다. 하지만 온도를 섭씨 20도 정도로 낮추면 전혀 다른 '것'이 생겨난다. 하나는 물이라는 액체가 되고 다른 하나는 철이라는 고체가 된다. 이처럼 기체가 액체나 고체로 상相이 바뀌는 현상을 '상전이相轉移'라 부른다. 철 기체로부터 철 고체의 특성을 유추해낼 수 있을까?

물체를 던지면 어디에 떨어질지 예측할 수 있다. 물체의 궤적이 연속적으로 이어지기 때문이다. 지구 위에서 이 궤적은 2차함수라는 도형으로 주어지며 이 도형을 그려서 미래의 위치를 예측하는 것이 가능하다. 하지만 중간에 궤적이 갑자기 끊어지면 어떨까? 어려운 말로 불연속점이 생긴 것인데, 이 경우에도 예측하는 것이 가능할까? 통계물리학에 따르면 상전이가 일어나는 순간 물리량들은 무한히 커지거나 불연속이 된다. 즉, 상전이 전후를 연속적으로 연결할 수 없다는 뜻이다. 그렇다면 기체로부터 고체의 특성을 예측하는 것은 불가능하다. 상전이가 일어날 때 무언가 새로운 특성이 돌연히 나타나기 때문이다.

인간의 역사에서 전쟁이야말로 일종의 상전이가 아닐까 생각한다. 상전이가 일어나기 이전과 이후는 같지 않다. 상전이를 경계로 이전과 이후가 연속적으로 이어지지 않기 때문이다. 전쟁이라는 상전이는 이후의 세상이 갖는 특성을 결정짓는다. 지금 우리가 사는 세계는 가장 최근에 있었던 제2차 세계대전이라는 상전이의 결과물이다. 우리 모두가 영어를 배워야 하는 이유, 미국이 초강대국인 이유, 우리가 분단된 이유 등은 모두 이 상전이의 결과물이다. 제2차 세계대전 이전과 이후는 같지 않다.

물질에서도 상전이를 통해 얼음이 물이 되거나 물이 수증기가 되듯이, 상전이 이전에 물질이 갖지 않았던 속성이 새롭게 생겨난다. 이처럼 구성요소에서 없던 성질이 전체 구조에서 나타나는 현상을 '창발創發'이라 부른다. 창발의 예를 찾아보기는 쉽다. 당신 주위를 둘러보라. 수많은 자연현상이 일어나고 있다. 나뭇잎이 바람에 흔들리고 자동차가 움직이고 커피가 끓고 있다. 인간행동, 사회현상도 모두 여기 포함시킬 수 있다. 이것들 가운데 원자로부터 설명할 수 없는 것은 모두 창발이라 보면 된다.

환원 대 창발

환원주의에 대립되는 말로 '전일주의holism'가 있다. 전체를 부분으로 나누어 이해할 수 없다는 주장이다. 창발은 전일주의의 가장 강력한 무기다. 그래서 창발주의라 부르기도 한다. 환원 대 창발 논쟁은 잊을 만하면 나타난다. 1987년 미국에서는 초전도 초대형 충돌기SSC를 놓고 논쟁이 발생했다. SSC는 수십억 달러의 건설비용이 필요한 입자가속기로 입자물리 분야의 전폭적 지원을 받고 있었다. 당시 앤더슨은 SSC 의회 예산청문회에 참석하여 다음과 같은 증언을 했다. 응집물리에 충분한 연구비가 지원되고 있지 않으며, SSC로 얻게 될 입자물리의 결과는 생명과학에 있어 DNA의 구조를 밝힌 일보다 더 근본적이지 않다.

SSC와 같이 엄청난 비용이 드는 장치를 국민의 세금으로 만들어야 한다는 주장에 깔린 논리는 이렇다. 이런 장비로 알아낼 기본입자에 대한 이론이야말로 과학에서 가장 근본적인 지식이라는 것이다. 환원주의자라면 쉽게 받아들일 수 있는 주장이다. 결국 모든 것은 기본입자의 운동으로 환원될 터다. 하지만 앤더슨의 주장은 입자물리가 응집물리나 생명과학보다 더 근본적이지 않다는 거다. 창발의 입장에서는 그럴 수밖에 없다.

스티븐 와인버그(1979년 노벨물리학상 수상)는 그의 책 『최종이론의 꿈』에서 앤더슨을 비판한다. DNA가 생물학의 근본이론이라고 하는 것은 생물학에 있어서의 환원주의다. 동물학자 에른스트 마이어는 생명에 대한 모든 지식을 DNA에 대한 연구로 환원하려는 생물학적 환원주의에 맞서 싸웠다. 동물학자의 시각에서 볼 때 생물학에서의 DNA연구가 물리학의 입자물리였던 것이다. DNA는 생물학적 환원주의의 정점에 있는 물질이다. 환원주의라는 이유로 SSC를 공격하며 DNA를 예로 드는 것은 자기모순이라는 것이다. 창발주의자 앤더슨은 응집물리 수준에서만 창발주의자다. 아마도 앤더슨은 응집물리의 중요한 모형이나 이론들이 재료공학과 화학의 수많은 물질의 특성에 비해서 더 근본적이라고 주장할 것이다.

와인버그는 전형적인 환원론자다. 물론 그는 반환원주의자들이 자신의 환원주의를 제대로 이해하지 못한다고 비판하니까 적절한 표현이 아닐지도 모르겠다. 와인버그에 따르면 앤더슨이 말한

DNA 이야기에도 일리는 있다. DNA가 생명과학이라는 학문에 있어 근본적이라기보다 생명이라는 현상 자체에 근본적이기 때문이다. 환원주의의 끝판왕이라 할 만하다.

많은 이들이 환원 대 창발 논쟁에 혼란스러워한다. 부분으로 쪼개서 이해해야 하나, 전체를 그대로 두고 이해해야 하나. 필자의 생각에 이 논쟁은 '본성 대 양육' 논쟁과 비슷하다. 사람의 성격이나 지능이 유전자와 양육 중 어느 것에 더 많은 영향을 받느냐는 과학 논쟁이다. 일란성 쌍둥이가 어릴 때 고아가 되어 각각 다른 가정에 입양된 경우, 성인이 된 이들의 행동을 비교하여 연구할 수 있다. 일란성 쌍둥이의 유전자는 똑같다. 살아가며 그들이 보이는 차이는 양육 환경에서 기인한다. 각기 다른 가정에 입양된 고아의 경우 환경이 다를 것이므로 환경이 야기한 차이를 직접 비교해볼 수 있는 특수한 사례다. 한동안 엄청난 논쟁이 있었지만 최근의 결론은 50 대 50이란다. 환원 대 창발 논쟁도 마찬가지라고 생각한다.

적혈구의 특성을 이해하기 위해 양자역학을 사용하기는 힘들다. 적혈구는 원자가 모여 단백질, 지방, 탄수화물 같은 고분자가 된 것이다. 양자역학을 사용하기에는 이미 너무 크다. 하지만 적혈구 헤모글로빈의 헴에 있는 철 원자가 산소와 결합하는 것은 양자역학이 설명한다. 이렇게 적혈구 수준의 이해에서도 원자 수준의 환원적 설명은 도움이 된다. 하지만 적혈구와 다른 수많은 고분자들이 모여 만들어낸 인간을 설명하는 데, 원자 수준의 이해는 그다지 중요하지 않다. 여기서는 전혀 다른 법칙이 필요하다. 하지만 11번 염색체상의 헤모글로빈 염기서열 중 단 하나가 잘못되면 그 사람은 겸형 적혈구 빈혈증에 걸린다. 원자 몇 개의 실수다.

현대 과학의 역사는 환원주의의 위력을 보여준다. 눈에 보이지 않아서 몰랐던 진실을 환원주의가 찾아냈기 때문이다. 우주에는 0.000000000000000000000043킬로미터의 쿼크에서 440,000,000,000,000,000,000,000킬로미터의 우주까지 그 이전의 층위로 환원될 수 없는 수많은 층위들이 있다. 각 층위는 자신만의 언어와 법칙을 가지고 있지만, 동시에 인접한 위아래 층위와 긴밀히 연결되어 있다. 그렇지 않다면 모든 과학자와 기술자들이 물리학을 배울 이유가 없다. 환원주의의 힘이다. 창발은 많으면 다르다고, 층위가 다르면 새로운 법칙이 나타난다고 말해준다. 양극단에 서 있지 않다면 이 두 입장은 조화를 이룰 수 있을 것으로 보인다.

전체는 부분의 합보다 크지만 부분 없이는 존재할 수 없다.

전체는 부분의 합보다 크지만 부분 없이는 존재할 수 없다.

우선은 서로 만나야 한다

모든 원자들이 만드는 총체적 구조

원자들은 어떻게 세상 만물을 만드는 걸까? 이런 질문을 탐구하는 물리 분야를 '응집물리'라고 한다. 원자들이 결합하기 위해서는 우선 서로 만나야 한다. 원자는 원자핵과 그 주위를 둘러싼 전자들로 되어 있으니, 서로 가까워지면 우선 만나게 되는 것은 전자다. 따라서 결합의 주인공은 전자다. 전자가 원자핵 주위를 떠돌고 있다고 했지만, 엄밀히 말하면 전자는 양파처럼 겹겹이 쌓인 구조를 이루고 있다. 그래서 화학에서는 '껍질'이란 표현을 쓰기도 한다. 실제 결합에 참여하는 것은 이웃 원자의 전자들과 가장 먼저

원자들이 결합하기 위해서는 우선 서로 만나야 한다.

맞부딪히는 껍질 근처의 전자들이다.

전자들은 어떻게 원자들을 한데 묶을까? 물질을 이루는 원자들의 3차원 구조에 따라 다양한 답이 있다. 물리학자들은 단순한 상황부터 생각하는 경향이 있다. 디테일보다 본질을 알고 싶기 때문이다. 물리 교과서를 보면 마찰이 없는 빗면 위를 움직이는 점 입자가 등장하는 이유다. 우선 원자들이 아주 규칙적으로 배열되어 있다고 해보자. 탁구공 100만 개를 차곡차곡 쌓아 올린 것을 생각해보면 된다. 누가 그런 미친 짓을 하겠냐고 묻는다면 '우주'라고 답하는 수밖에 없다. 이렇게 구성 원자들이 규칙적 배열을 갖는 물질을 '결정crystal'이라 부른다. 투명하고 아름다운 수정水晶이 그 예다.

결정을 이루는 각 원자 껍질의 전자들은 새로운 상태에 놓이게 된다. 얼핏 생각하면 전자들은 이웃 원자의 전자들과 몸을 맞대고 찌그러져 있을 것 같지만 양자역학은 우리의 예상이 틀렸음을 보여준다. 각 껍질의 전자들은 마치 안개같이 고체 전체에 스며들 듯이 퍼지게 된다. 이게 무슨 말일까? 서울시의 각 구區를 원자라고 해보자. 구의 경계에 사는 주민들만 따로 뽑아내 헬리콥터를 타고 서울시 상공을 마음대로 날아다니며 살도록 하자. 이들은 구라는 한계를 벗어나 서울시 전체의 상태에 거주하게 된 거다. 이런 전자의 상태를 '띠band'라고 부른다.

쉽게 말해서 띠는 물질을 이루는 원자 전체가 만들어낸 가상의 구조물이다. 저어도 결정으로 된 물질을 이용한 반 민기를 집식제로 붙이는 방식으로만 되어 있지 않다는 것이다. 띠는 물질의 특성에 대해 무엇을 말해줄까? 물질의 특성이라고 하면 여러 가지가 떠오를 것이다. 얼마나 단단한지, 어떤 색깔인지, 먹을 수 있는지 등등. 물리학자에게는 이 가운데 전기적 특성이 가장 중요하다. 원자들이 결합하는 것은 전기력이기 때문이다. 따라서 물질에 대한 가장 근본적인 질문은 전기력을 가했을 때 물질이 어떻게 반응하느냐다.

도체와 부도체

물질에 전기장을 걸면 어떤 일이 벌어질까? 즉, 물질의 한쪽에는 전원의 양극, 다른 쪽에는 음극을 연결하는 것이다. 원자핵은 양(+)전하니까 음극으로 끌려가고, 전자는 음(-)전하니까 양극으로 끌려갈 거다. 하지만 이들은 원자라는 물질의 최소단위를 형성하고 있다. 원자핵과 전자가 끌려간다고 해서 원자구조를 무너뜨릴 정도의 강한 전기장은 고려하지 않을 거다. 그렇다면 물체를 전원에 연결하는 순간 바로 박살날 테니까. 흥미롭게도 여기서 세상의 물질은 두 종류로 나뉜다.

하나는 별다른 변화가 일어나지 않는 물질이다. 원자핵과 전자가 각각 음극과 양극으로 끌려가기는 하지만 자기 위치에서 조금 벗어나는 정도로만 끌려간다. 그 움직임은 너무 작아서 눈에 보이지 않을 정도다. 이런 물질을 '부도체不導體'라고 부른다. 플라스틱, 나무, 돌멩이 등이 그 예다. 반면, 어떤 물질은 전류가 흐른다. 전류란 전자의 흐름이다. 아니, 원자를 이루는 전자가 어떻게 원자를 벗어나 물질 내부를 물 흐르듯 움직일 수 있을까? 금속이 보여주는 익숙한 현상이지만 물리학자에게는 놀라운 일이 아닐 수 없다. 이런 물질을 '도체導體'라고 부른다. 구리, 알루미늄, 철 같은 금속이 여기 속한다.

도체와 부도체의 구분은 띠의 특성이 결정한다. 도체 내부를 마음대로 움직이는 전자는 분명 개별 원자에 묶여 있을 수 없다. 그렇다면 앞서 설명했듯이, 모든 원자들이 만든 총체적 구조, 즉 띠에 놓인 전자가 전류를 만드는 것이 틀림없다. 이걸로 충분한 답이 되었을까? 아니다. 그렇다면 부도체는 왜 존재하나? 여기도 띠에 존재하는 전자가 있다. 띠에도 추가적인 속성이 있어야 한다는 거다. 비유를 들어보겠다.

소포를 싸본 사람은 알 거다. 상자 내부에 물건을 빼곡히 채워야 물건이 망가지지 않는다. 빈 공간이 있으면 소포가 흔들릴 때 물건이 이리저리 움직이며 부딪히기 때문이다. 부도체는 물건이 빼곡히 들어찬 소포다. 전원을 연결하는 것은 소포를 흔드는 거다. 부도체의 경우는 소포를 아무리 흔들어도 물건의 이동이 없는 것과 같다. 물건과 상자는 한 몸처럼 움직일 뿐이다. 따라서 물건의 이동, 즉 전류의 흐름은 없다. 반면, 도체는 빈 공간이 있는 소포다. 소포를 흔들어주면 물건들이 움직인다. 마치 도체 내부의 전자가 움직이듯이 말이다. 도체의 띠를 '전도띠conduction band', 부도체의 띠를 '원자가띠valence band'라고 부른다. 띠가 갖는 이런 추가적인 속성은 양자역학이 결정한다.

당신은 오늘도 쉴 새 없이 컴퓨터 자판을 두드린다. 자판 밑에는 두 개의 도체가 일정한 거리를 두고 떨어져 있다. 하나의 도체에는 양극, 다른 도체에는 음극이 연결되어 있다. 자판을 누르는 순간 두 도체가 연결되며 전류가 통한다. 전류는 신호가 되어 스크린에 적절한 단어를 띄우거나 당신이 원하는 명령을 수행한다. 전류가 흐르는 동안 도체 내의 전자는 금속 내부를 마음대로 휘젓고 다닌다. 물질이 원자들로 빽빽이 들어차 있다는 것을 아는 사람에게는 놀라운 사실이다. 이렇게 자유로이 흐르는 전자를 '자유전자'라 부른다. 자유전자는 모든 원자들이 만든 총체적 구조를 타고 흐른다. 빈 공간이 있는 소포를 흔들어서 내부의 물건들이 움직이듯이 말이다.

도체에 전원을 연결하면 전류가 흐른다. 전원의 전압을 크게 하면 더 많은 전류가 흐른다. 도체에 따라 증가비율은 같지 않은데, 그 비^{比}를 전기전도도라 부른다. 전도도가 클수록 전기가 잘 통한다고 보면 된다. 전도도의 역수$^逆數$를 '저항'이라고 부르는데, 저항이 작아야 전기가 잘 통한다. 공기는 저항이 거의 무한대에 가깝다. 공기의 저항이 작았다면 벽에 있는 돼지 콧구멍 같은 콘센트에서 공기를 타고 사방으로 전기가 흘렀을 거다. 그랬으면 전기 문명 자체가 탄생하지 않았을지도 모른다. 지난 100여 년간 응집물리의 역사는 바로 이 저항의 특성을 이해하려는 노력이었다. 노벨물리학상을 수상한 전기저항 관련 연구만 추려봐도 트랜지스터(1956년), 초전도이론(1972년), 터널링(1973년), 고체물성이론(1977년), 양자홀효과(1985년. 1998년), 고온초전도(1987년), 거대자기저항(2007년), 그래핀(2010년), 위상상전이(2016년) 등이 있다.

도체의 저항은 왜 생길까? 전류는 원자 전체가 만든 전도띠에 전자가 있을 때 생긴다. 빈 공간이 있어서 흔들면 물건이 움직이는 소포의 경우다. 즉, 하나의 전자가 모든 원자의 위치에 동시에 존재하는 기괴한 양자역학적 상태다. 상태 자체가 전자의 자유를 보장한다. 그렇다면 전도띠의 전자는 자유롭게 움직여야지 왜 방해를 받을까? 전도띠의 시카에네는 지평이 왜 있는지가 의문일 수밖에 없다. 앞에서 띠에 대해 설명할 때 중요한 가정이 있었다. 바로 물질을 이루는 원자들이 규칙적으로 배열되어 있다는 것이다. 전자는 원자라는 규칙적인 방해물이 있을 때, 마치 아무것도 없는 것이나 다름없이 운동할 수 있다. 양자역학이 말해주는 기괴한 결과다. 즉, 전도띠의 전자는 장애물이 있으나 없으나 육상기록이 똑같다는 거다. 사실 이 부분은 전공자도 이해하기 쉽지 않다. 양자역학의 세상에서는 일정 간격으로 놓인 장애물은 없는 거나 같다. 도로에 같은 간격으로 요철이 늘어서 있어도 양자 자동차는 그냥 스르륵 지나간다는 말이다.

만약 원자배열의 규칙성이 깨지면 어떻게 될까? 예를 들어 구리에 아연이나 니켈 같은 불순물이 들어가면 말이다. 그러면 저항이 생긴다. 장애물들이 똑같이 생겼다면 없는 것이나 다름없지만, 다르게 생겼다면 운동에 방해가 된다. 양자 자동차는 도로의 요철이 일정한 간격으로 있을 때는 아무 저항 없이 달리다가 간격이 불규칙해지면 저항을 받기 시작한다. 고체에 불순물이 없어도 온도가 높아지면 저항이 커진다. 온도가 높아지면 물질을 이루는 원자들이 더 격렬하게 요동치는데, 이는 원자들의 규칙적인 구조가 더 많이 깨졌다는 것을 의미한다. 장애물이 똑같이 생겼더라도 이들이 제자리에 있지 않고 흔들거리면 방해된다는 뜻이다. 불순물 하나 없이 순수한 결정 물질의 온도가 절대 0도가 되면 저항은 사라진다.

그런데 1911년 이상한 현상이 발견된다. 불순물이 들어 있는 도체의 온도를 절대 0도로 낮추는 실험에서 온도가 0도에 이르기도 전에 도체의 저항이 완전히 사라져버린 것이다. 초전도라 부르는 현상으로 이후 1950년대에 가서야 그 이유가 설명된다. 1986년에는 아주 높은 온도에서도 특정 물질의 저항이 사라지는 현상이 발견된다. 이것은 기존의 초전도 이론으로 도저히 설명할 수 없는데, 이를 고온초전도라 부른다. 이 현상의 발견자들에게는 1987년 노벨물리학상이 주어졌지만, 아직 이 현상을 제대로 설명하는 이론은 없다. 고온초전도야말로 응집물리 분야의 성배라 할 만하다.

고대 그리스 철학자 엠페도클레스는 세상 만물이 흙, 공기, 물, 불의 네 가지 원소로 되어 있다고 주장했다. 이른바 4원소설이다. 엠페도클레스는 뛰어난 학자였다. 그릇을 뒤집어 물에 집어넣으면 그릇 내부에 빈 공간이 생기는데, 이것을 보고 공기의 존재를 추론했다고 한다. 이때 우리는 단군조선시대였다. 그는 세상이 기본 원소로 구성되며 이들의 밀고 당김으로 세상 만물이 만들어진다고 생각했는데, 이는 올바른 추론이었다. 이제 우리는 그의 생각을 더욱 정교하게 발전시켜서 정말로 세상 만물을 이해해가고 있다. 물리는 물질의 근원, 모든 것을 설명하는 이론, 우주의 시작과 끝을 탐구한다, 하지만 정말구 ○○과 ○○ 마으 ○○기 ○○○는 일상의 모든 것을 설명하는 것이 아닐까? 그런 의미에서 응집물리야말로 진짜 물리다.

인공지능에게 타자란

〈엑스 마키나〉

"To erase the line between man and machine is to obscure the line between men and gods." (인간과 기계의 경계를 지우는 것은 인간과 신의 경계를 모호하게 하는 것이다)

영화 〈그녀〉에는 인공지능과 사랑에 빠지는 남성이 등장한다. 〈그녀〉의 인공지능은 목소리만 가지고 있다. 목소리만 가진 여성과 남성이 사랑에 빠지는 것은 쉽지 않을 거라 생각한다.

영화 〈엑스 마키나〉에서는 인간의 육체를 가진 인공지능로봇 에바가 인간 남성 칼렙을 유혹한다. 〈엑스 마키나〉는 인공지능이 인간이냐는 흔한 질문을 이성 간 연모의 감정과 복잡하게 뒤섞어놓았다. 인공지능이 인간의 의식과 비슷하다는 것은 오시이 마모루 감독의 애니메이션 〈공각기동대〉에서 이미 경험한 바 있다. 〈그녀〉에서 인공지능의 목소리 역을 맡았던 스칼렛 요한슨이 실사판 〈공각기동대〉의 여주인공으로 발탁된 것은 우연이 아닐 거다.

〈엑스 마키나〉가 던지는 화두는 다소 진부하다. 인간과 닮은 인공지능 로봇은 인간인가? 튜링테스트라는 것이 있다. 인공지능과 대화를 해서 상대가 인간인지 인공지능인지 판별하는 테스트다. 만약 구분할 수 없으면 인간으로 간주해야 한다는 거다. 2014년 러시아 연구진이 만든 인공지능 '유진 구스트만'이 튜링테스트를 통과해 화제가 된 적이 있다. 필자도 유진 구스트만과 인터넷으로 10분 정도 대화를 나눈 적이 있다. 처음 5분간은 대충 인간이라 믿을 만했다. 하지만 어려운 질문을 던지면 "저 같은 어린아이에게 그런 질문은 하지 마세요"라며 말을 돌린다. 10분 정도 대화를 해보니, 한계가 느껴지는 것은 어쩔 수 없었다. 13세 아이가 어른과 10분간 대화하는 것도 쉬운 일은 아닐 테지만 말이다.

〈엑스 마키나〉의 에바는 이미 튜링테스트의 수준을 훌쩍 뛰어넘는다. 영화의 결말을 보면 인간이 오히려 에바의 말에 속을 정도다.

인공지능이 분야에 따라 인간보다 뛰어날 수 있다는 것은 이제 모두 인정하는 바다. 컴퓨터보다 더하기를 더 빨리할 수 있는 사람은 없다. 구글보다 검색을 더 빨리할 수 있는 사람도 없다. 다만 인공지능은 인간이 가진 감정, 직관, 미적 감각 같은 것들을 모사할 수 없을 거라는 것이 통념이다. 이런 논의에서 불편한 점이 하나 있다면, 그것은 인공지능을 평가함에 있어 인간만을 기준으로 삼는다는 점이다.

사실 우리가 사용하는 컴퓨터는 인간의 뇌와 완전히 다른 방식으로 작동한다. 여기에는 튜링기계라는 아이디어가 들어가 있다. 핵심을 정리하면 이렇다. 우리가 하는 모든 행동은 언어로 표현할 수 있다. 언어는 적절한 문자(예를 들어 알파벳)로 표시할 수 있다. 각 알파벳은 모두 숫자에 대응시킬 수 있다. A는 '1', B는 '2', 이런 식으로 말이다. 그러면 모든 문장은 다 숫자의 나열이 된다. 모든 숫자는 이진법으로 표시할 수 있다. 결국 모든 행동은 '0' 또는 '1'의 나열로 나타낼 수 있다. 0 또는 1이 될 수 있는 정보의 기본 단위를 비트라고 부른다.

이제 컴퓨터가 생각하거나 판단한다는 것은 0 또는 1로 된 일련의 수열을 역시 0 또는 1로 된 다른 수열로 바꾸는 거다. 튜링은 모든 수학적인 연산 과정을 0 또는 1로 된 수열의 조작으로 구현할 수 있음을 증명했다. 여기서 조작이란 한 번에 하나의 비트를 읽어서 수행된다. 그러기 위해서는 엄격한 문법이 필요하다. 결국 수학적 연산으로 표현할 수 있는 모든 행동은 튜링기계가 처리할 수 있다. 이것이 오늘날 우리가 사용하는 컴퓨터의 기본원리다. 따라서 인터넷이건 무선통신이건 이동하는 정보는 씨니 0과 1의 수열이다. 실제 0볼트 전압이 '0'을, 5볼트 전압이 '1'을 나타낸다.

반면, 인간의 뇌는 뉴런이라는 세포들의 집합체다. 뉴런은 전기신호를 입력받아 다시 전기신호로 출력하는 역할을 한다. 입력은 수천에서 수만 개의 다른 뉴런으로부터 들어온다. 들어온 전기신호가 누적되어 어느 임계값을 넘으면 외부로 전기신호를 내보낸다. 이게 하나의 뉴런이 하는 일의 전부다. 뉴런과 뉴런 사이는 시냅스라는 부분으로 연결되어 있다. 시냅스는 전기신호를 화학신호로 바꾸었다가 다시 전기신호로 바꾼다.

당신이 이웃한 두 사람과 나란히 손을 잡고 있다고 생각해보자. 왼쪽 사람이 손을 꼭 쥐면 당신에게 신호가 온 것이다. 당신이 신호를 전달하고 싶다면 오른쪽 손을 꼭 쥐면 된다. 사람이 뉴런이고 맞잡은 손이 시냅스다. 실제 뉴런은 손이 수천 개 달린 괴물이라는 점이 다르다. 시냅스의 특징은 그 세기가 변할 수 있다는 거다. 당신 손아귀의 힘이 세다면 약하게 손을 쥐어도 옆 사람에게 신호가 쉽게 전달될 것이다. 손에 힘이 하나도 없다면 쥐어도 옆사람이 모를 거다. 학습을 한다는 것, 기억한다는 것은 바로 시냅스들의 세기를 변화시키는 것이다.

자전거를 처음 탈 때는 다리 근육의 움직임을 일일이 신경 써야 한다. 하지만 자전거를 자꾸 타다 보면 의식하지 않아도 다리가 자동으로 적절히 움직인다. 자전거를 타는 데 관여하는 뉴런들의 연결이 강화된 것이다. 이것이 학습이다. 일단 학습이 끝나면 조그만 자극에도 연결이 강화된 뉴런들이 모두 강하게 반응하여 자동으로 근육의 움직임이 일어난다. 학습 과정에서 어느 시냅스가 어떻게 강화되는지 알 필요 없다. 사실 알기도 힘들다. 우리가 사용하는 인공지능의 원리도 이와 같다. 신경망회로의 노드라 불리는 것들 사이의 결합강도를 변화시키는 것이 학습이다. 노드가 뉴런이고 결합강도가 시냅스인 셈이다. 결국 알파고와 같은 인공지능은 뇌의 원리를 그대로 적용한 거다.

컴퓨터와 달리 여기에는 논리적 문법이 없다. 그냥 무수한 반복학습을 통해 입력과 출력이 연결되도록 만드는 것뿐이다. 인간이 만든 신경망회로도 인간의 뇌 못지않은 직관을 가진다는 것을 '알파고-이세돌' 시합은 보여주었다. 어차피 인간의 뇌도 적당한 '입력-출력'이 연결되도록 하는 장치일 뿐이다. 그렇다면 인간이 가진 의식이 의식의 절대기준이 되어야 할 이유가 있을까 하는 의문이 든다. 알파고는 인간의 직관이 이해할 수 없는 수를 두었지만 어쨌든 이겼다. 그가 기쁨의 감정을 느끼지 못한다고 해서 인간보다 낮은 의식일까? 적어도 바둑이라는 두뇌게임에서 알파고를 이길 사람은 없다.

좀 더 나가보자. 인간이 가진 감정이나 미적 감각, 도덕성 같은 것이 왜 중요할까? 이런 저들은 사실 우주에 실제고 큰새아시 않는 상상의 산물은 아닐까? 에바가 칼렙을 배신하고 도망쳤지만, 에바에게 도덕성이란 어떤 의미를 가질까? 이런 모든 개념들은 오직 인간에게만 유효한 것일지 모른다.

인공지능의 시대를 맞이하며, 우리는 기계가 인간의 감정을 가질 수 있을까, 기계가 우리를 지배할 수 있을까 걱정하는 수준을 넘어서야 한다. 인공지능이 도달할 의식은 우리가 상상조차 해보지 못한 모습일지도 모른다. 금붕어가 상대성이론을 상상할 수 없듯이 말이다.

세계의 온도는
표준편차가 결정한다

덥다는 것은 물리적으로 무엇을 의미할까? 비가 오면 더위가
한풀 꺾이는 것으로부터 햇빛과 관련이 있다는 것을 알 수 있다.
하지만 겨울에도 해가 뜬다. 햇빛은 지금 이 순간 지구의 여러 곳
에 도달한다. 내가 오늘 아침 보는 태양은 남반구의 오스트레일리
아에서도 보인다. 하지만 그곳은 지금 겨울이다. 결국 더위는 햇빛
자체에 있는 것이 아니라 그 빛을 받은 물질에서 오는 것이다. 좀
더 구체적으로 말해서 지표면이 햇빛을 흡수하여 더워졌다는 뜻이
다. 뙤약볕 아래 10분만 있으면 무슨 말인지 바로 이해할 수 있다.
　지구에 내리꽂히는 햇빛은 거의 평행하다. 하지만 지구가 둥
글기 때문에 위도에 따라 지표가 햇빛을 받는 각도가 다르다. 이

때문에 적도는 덥고 극지방은 춥다. 우리가 사는 중위도 지역은
햇빛을 받는 각도가 계절에 따라 다르다. 여름에 지구가 태양에 가
까워진다는 사람도 있는데, 잘못된 생각이다. 지구의 공전궤도가
타원 모양이지만 거의 원에 가까운 타원이다. 더구나 태양과 지구
사이의 거리만으로 계절이 정해진다면 북반구가 여름일 때 남반구
도 여름이어야 한다.

여름에는 적도에 이웃한 북쪽 지역이 뜨거워진다. 냄비에 물
을 넣고 끓이면 온도가 높아짐에 따라 기포가 발생하기 시작한다.
물의 대류만으로 열을 전달하기 힘들어지면 기포라는 특급우편으
로 온도 차를 해소하는 거다. 뜨거운 적도 근방과 차가운 극지방
사이에서 이런 일이 일어나는 것을 태풍이라 부른다. 따라서 태풍
은 여름이 끝나갈 때 집중적으로 발생한다. 결국 이 모든 것은 지
표가 흡수한 햇빛의 양과 관련된다.

햇빛을 흡수하면 왜 뜨거워질까? 우리는 이제 열의 본질이 무
엇이냐는 질문에 맞닥뜨린 거다. 18세기 과학자들은 '칼로릭'이라
는 입자가 있다고 생각했다. 이 입자가 많으면 뜨겁고 없으면 차가
워진다. 그럴듯한 이론이다. 그럼 햇빛을 흡수하면 칼로릭이 생긴
다는 말일까? 물체를 문지르면 열이 발생한다. 마찰열이다. 그렇
다면 물체를 계속 문지르면 칼로릭이 무한히 생산된다는 말인데,
뭔가 이상하다. 그래서 럼퍼드 백작은 열의 본질이 운동이라는 제

안을 한다. 하지만 여전히 석연치 않다. 열이 운동이라면 그 주체는 누구인가?

과학에서는 연이어 몇 번 질문을 하면 대개 미궁에 빠진다. 이 경우도 마찬가지다. 운동의 주체는 '원자'다. 원자의 존재가 입증된 것이 20세기 와서니까 당시 과학자들이 답하기는 쉽지 않았을 거다. 모든 것은 원자로 되어 있다. 돌멩이도 예외는 아니다. 돌멩이를 낙하시키면 돌멩이를 이루는 원자가 모두 한꺼번에 움직인다. 열이 원자들의 운동이라면 낙하하는 돌멩이는 뜨거워지는 걸까? 그렇다면 KTX에 탄 사람도 뜨거워져야 한다. 그 사람의 몸을 이루는 원자들이 함께 운동하고 있으니까. 물론, 경험적으로 볼 때 이건 말도 안 된다.

뜨거운 물체의 경우 그 물체를 이루는 원자들이 더 격렬하게 운동하고 있는 것은 사실이다. 하지만 온도에 기여하는 운동은 '무작위적인' 운동이다. 이건 또 무슨 말일까? 우리나라 사람들의 연봉을 조사하여 분포를 구하면 평균과 표준편차를 알 수 있다. 표준편차는 분포의 폭과 관련된다. 이것은 자료가 평균에서 얼마나 벗어났는지, 즉 얼마나 무작위한지를 나타낸다. 다시 KTX에 탄 사람을 생각해보자. 그 사람의 몸을 이루는 모든 원자의 속도는 빨라진다. 이것은 원자 속도분포의 평균값이 커지는 것과 같다. 하지만 온도를 결정하는 것은 평균이 아니라 표준편차다. 평균이 크다고 표준편차도 큰 것을 이니다.

혹자는 빈부격차를 해소하기 위해 과학기술을 더 발전시켜야 한다고 주장한다. 오늘날 우리가 누리는 이 물질적 풍요는 분명 과학기술의 발전 덕분이다. 하지만 부를 분배하는 것, 즉 분포의 표준편차를 줄이는 것은 또 다른 이슈다. 온도는 표준편차가 결정한다. 우리가 아무리 부의 평균을 높이더라도 표준편차를 줄이지 못하면 사회는 뜨거워진다는 말이다.

에너지

사라지는 것은 없다, 변화할 뿐

에너지

선사시대의 수렵채집인은 인간과 동물, 생물과 무생물을 분리하여 생각하지 못했다. 우리나라의 건국신화에는 곰이 인간으로 바뀌는 이야기가 나온다. 옛날에는 나무나 바위가 영혼을 가진다는 정령신앙도 널리 유행했다. 많은 종교들이 영혼의 존재를 가정한다. 이와 유사한 것이 물리학에 있다면 당신은 믿겠는가? 바로 '에너지'다.

뉴턴역학에 따르면 등속으로 움직이는 물체의 운동은 그 자체로 자연스럽다. 마찰이 없다면 물체는 영원히 움직인다. 진자를 당겼다 놓으면 점차 진폭이 작아지다 결국 멈춘다. 마찰 때문이니.
마찰이 없다면 진자도 영원히 진동한다. 운동은 그 자체로 실체를
갖는 영원불멸의 어떤 '것'처럼 보인다. 태양 주위를 도는 지구의
운동이 그 예다. 여기에 특별한 의미를 부여하고 싶은 욕망이 이는
것은 정령신앙에 들어 있는 우리의 본능일지 모른다. 물리학자는
여기에 에너지라는 이름을 붙인다. 그렇다면 에너지는 영원불멸해
야 한다. 에너지보존법칙이다.

　등속으로 움직이는 물체는 운동에너지를 갖는다. 그래서 영
원히 움직인다. 움직이는 진자는 속도가 빨라졌다가 느려졌다가
한다. 따라서 운동에너지도 커졌다가 작아졌다가 한다. 하지만 에
너지는 보존되어야 한다. 그렇다면 진자의 운동에너지가 줄어드는
동안 그 에너지는 없어지는 것이 아니라 다른 형태로 바뀌어야 한
다. 그래서 등장하는 것이 '퍼텐셜에너지'('위치에너지'라고도 한다)다.
진자의 속도가 줄어드는 동안 운동에너지는 퍼텐셜에너지로 전환
된다. 결국 운동에너지와 퍼텐셜에너지의 합은 일정하고, 이렇게
전체 에너지는 다시 보존된다.

　운동에너지와 퍼텐셜에너지의 합이 일정하다는 것은 뉴턴의
운동방정식으로부터 수학적으로 유도할 수 있다. 우주를 이해하
는 새로운 방법이 등장한 거다. 우주에는 영원불멸하는 무언가가
있다.

움직이는 진자는 결국 멈춘다. 마찰 때문이다. 그렇다면 마찰이 존재할 때 에너지보존법칙이 깨지는 걸까? 진자의 운동을 방해하는 것은 공기의 마찰이다. 진자의 움직임이 점차 줄어드는 동안 주변 공기의 온도가 올라간다. 열이 발생한다는 의미다. 진자의 에너지가 이번에는 열에너지로 바뀐 거다. 그런데 정말 공기의 온도가 올라갈까? 추운 겨울 진자를 움직인다고 따뜻해지는 것을 본적 없지 않은가?

영국의 과학자 제임스 프레스콧 줄은 마찰에 의해 발생한 열을 측정했다. 그 열에너지와 물체가 마찰로 잃은 에너지가 같았다. 사실 줄의 실험에는 문제가 있었다. 1도 단위로 눈금이 찍힌 온도계를 가지고 100분의 1도의 변화를 쟀다고 주장했기 때문이다. 온도 조절에 능통해야 하는 양조장 사장의 아들이 아니었으면 아무도 믿어주지 않았을 거다. 오늘날 이 물리학자의 이름 '줄Joule'은 에너지의 단위가 되었다.

에너지가 사라진 것처럼 보인다면 새로운 에너지를 정의하면 된다. 이런 식으로 에너지의 목록은 자꾸 늘어간다. 에너지보존법칙이 확장되어가는 전형적인 방식이다. 20세기 초 에너지 목록에 추가된 '질량'은 에너지계의 아이돌이다. $E=mc^2$는 잘 알려진 공식이다. 이 식에서 좌변은 에너지, 우변에 따라 질량이나, 실탕이 에너지라는 뜻이다. 가장 최근 에너지의 목록에 추가된 것은 '암흑에너지'이다. 우주가 점점 더 빠르게 팽창하고 있다는 가속팽창을 설명하기 위해 도입된 가상의 존재다.

존재하는 것 가운데 에너지를 갖지 않는 것이 있을까? 존재한다는 것을 어떻게 정의하느냐에 따라 다르겠지만, 필자에게 당장 떠오르는 것은 없다.

에너지로 연결된 우주

옆에 있는 돌을 집어 들었다가 가만히 놓아보자. 돌이 낙하하다가 바닥에 부딪혀 퍽 소리를 내고 멈출 것이다. 돌이 가진 운동에너지가 소리에너지와 열에너지로 바뀐 것이다. 돌의 운동에너지는 어디서 왔을까? 당신이 돌을 집어 올리는 동안 중력에 의한 돌의 퍼텐셜에너지가 커진다. 낙하하는 동안에는 반대로 돌의 퍼텐셜에너지가 운동에너지로 바뀐다. 그렇다면 돌의 퍼텐셜에너지는 어디서 왔나? 당신의 손이 돌을 들어 올리는 동안 몸속의 에너지를 소모한다. 힘이 든다는 의미다. 정확히는 근육 내의 ATP가 분해되며 나오는 에너지다.

근육 내 ATP를 만드는 데에는 에너지가 필요하다. 이 에너지는 호흡으로 얻는다. 호흡은 유기물을 산소로 태워 에너지를 얻는 과정이다. 유기물은 우리가 먹은 음식을 분해하여 얻는다. 우리가 먹고(유기물) 숨을 쉬어야(산소) 하는 이유다. 유기물을 태울 때 에너지가 나오는 것은 유기물이 높은 에너지 상태에 있기 때문이다. 이런 높은 에너지 상태의 유기물을 만드는 것은 대개 식물의 몫이다. 식물은 광합성을 통해 유기물을 만든다. 식물도 에너지를 창조할 수는 없다. 광합성에 필요한 에너지는 햇빛에서 얻는다. 결국 지구상 모든 생명체의 에너지원은 태양이다.

태양도 에너지를 창조하지는 못한다. 태양에서는 핵융합반응이 일어난다. 수소 원자들이 결합하여 헬륨이 되면서 에너지가 생성된다. 수소들이 따로 흩어져 있는 것보다 헬륨으로 뭉쳐 있는 것이 에너지가 작기 때문이다. 그렇다면 수소의 에너지는 어디서 왔을까? 수소는 우주의 탄생, 그러니까 빅뱅 때, 정확히는 빅뱅이 있은 후 38만 년이 지났을 즈음 만들어졌다. 빅뱅 당시 우주의 모든 에너지가 한 점에 응축되어 있었다. 이 에너지가 물질로 변환된 것이다. 결국 우리 주위의 모든 에너지는 빅뱅에서 기원한다. 에너지 보존법칙이 우리에게 알려준 놀라운 사실이다.

우리 주위의 모든 에너지는 빅뱅에서 기원한다.

보존법칙의 기원

에너지보존법칙이 존재하는 이유는 뭘까? 앞서 정령신앙에서 에너지라는 개념이 나온 것은 아닌지 이야기했다. 역사적으로 에너지보존법칙을 처음 주장한 사람은 독일 과학자 율리우스 로베르트 폰 마이어라고 알려져 있다. 그는 신앙심이 깊은 사람이었고, 유물론에 기초한 과학에 반감이 있었다. 그래서 생각해낸 것이 에너지라는 비물질적 개념이었다. 물리학자들이 이런 생각을 좋아했을 리 없다. 오늘날 우리는 에너지보존법칙이 보다 일반적인 '보존법칙의 법칙'의 결과에 불과하다는 것을 안다.

수학자 에미 뇌터는 그의 이름을 딴 '뇌터 정리'를 발견했다. 대칭이 있으면 그에 대응하는 보존법칙이 존재한다는 내용이다. 완벽한 '구球'를 생각해보자. 구는 회전을 시켜도 그 차이를 알 수 없다. 이때 구는 회전대칭을 가진다고 한다. 뇌터 정리는 그렇다면 회전과 관련한 무언가 보존된다고 말해준다. 실제로 각운동량이라는 것이 보존된다. 각운동량은 물체의 질량, 속도, 거리를 모두 곱해서 얻어지는 물리량이다. 이 때문에 지구는 일정한 속도로 돈다. 엄밀하게는 달 때문에 속도가 조금씩 변한다.

뇌터 정리에 따르면 에너지보존법칙은 시간에 대한 대칭에서 기원한다. 공간에 대한 대칭은 운동량보존법칙을 준다. 이곳에서

저곳으로 유직여도 실함에 블리직 변화가 없는 경우, 즉 공간에 대칭이 있는 경우 물체의 운동량(질량에 속도를 곱한 것)은 변하지 않는다. 이 때문에 등속으로 움직이는 물체는 영원히 등속운동 한다.

뇌터는 당시에 여성 과학자로서 수많은 차별을 받아야 했다. 1915년 독일 괴팅겐대학에서 강의를 맡으려 했으나 여성이라는 이유로 대학의 반대에 부딪힌다. 결국 그녀를 지지한 다비드 힐베르트 교수가 자기 이름을 빌려 강의를 개설해준다. 힐베르트는 20세기의 가장 위대한 수학자 중 한 사람이다. 뇌터가 교수자격시험 논문심사에서도 여성이라는 이유로 엄청난 반대에 직면했다(독일에서 교수가 되기 위해서는 박사학위와 별도로 '하빌리타치온'이라는 논문심사를 통과해야 한다). 결국 힐베르트는 "여기는 대학이지 대중목욕탕이 아니다"라고 말했다는 일화가 있다.

대칭으로 본 세상

사과를 들어 올려 가만히 놓아보자. 사과는 아래로 수직낙하하기 시작한다. 사과는 왜 옆으로는 조금도 이동하지 못할까? 뉴턴역학의 설명은 이렇다. 중력은 아랫방향으로만 작용하는 힘이다. 힘은 물체를 가속시킨다. 따라서 물체는 아래로만 속도가 생겨난다. 자, 이제 대칭의 시각으로 보자. 위아래 방향은 중력 때문에 대칭이 깨져 있다. 옆으로는 대칭적이다. 특별한 방향이 없다는 의미다. 따라서 물체는 옆의 방향으로는 어디로도 움직일 수 없다. 움직이기 시작하면 그 방향이 특별한 의미를 갖게 되는데, 그렇다면 애초에 특별한 방향이 없다는 가정에 위배된다. 그래서 물체는 옆으로는 이동할 방향을 정하지 못하여 혹은 대칭을 유지하기 위하여 아래로만 낙하한다. 대칭으로 보는 세상은 뉴턴역학과 철학이 다르다는 것을 알 수 있다.

사실 대칭은 물리학과 상관없는 수학적 성질이다. 좌우가 같다거나 모양이 구형이라는 것은 물리법칙과 직접적 관련이 없다. 수학은 물리보다 보편적이다. 그렇다면 대칭이 보존법칙보다 더 근본적인 것이 아닐까 의문을 가질 수 있다. 보존법칙을 설명하기 위해 대칭이 필요한 것이 아니라, 대칭이 먼저고 보존법칙은 그 부산물이 아닐까 하는 거다. 오늘날 많은 물리학자들은 대칭이 더욱 근본적인 개념이라고 생각한다.

양자역학은 게이지대칭이라는 추상적인 대칭성을 갖는다. 말이 어려워서 그렇지 수학적으로는 복소수와 관련한 단순한 특성이다. 복소수란 실수와 허수의 합으로 된 수다. 양자역학이 게이지대칭성을 가진다고 가정하면 수학적으로 전기장이 존재해야 한다. 양자역학이 전기장과 무슨 관련이 있는 것인지 의아할 것이다. 이처럼 대칭은 때로 전혀 상관없이 보이는 두 가지 개념을 하나로 묶어주기도 한다.

게이지대칭 말고도 직관적으로 혹은 수학적으로 당연히 존재해야 하는 대칭들이 있다. 놀랍게도 이런 대칭의 존재가 우주의 모습이 이래야 한다고 제약을 가한다. 이제 물리학자들은 새로운 이론을 만들 때 대칭부터 고려한다. 필요하거나 반드시 있어야 하는 대칭의 목록을 만들고, 이러한 대칭에 부합하는 물리이론을 찾는 거다. 중력과 양자역학을 통일하려는 초끈이론이 정확히 이런 방식으로 연구되고 있다.

대칭은 기하학적 성질이다. 우리는 찌그러진 상자보다 반듯하게 대칭이 잡힌 상자를 좋아한다. 아름다운 얼굴이 되려면 좌우대칭은 기본이다. 고대건축물들은 대칭의 아름다움으로 가득하다. 대칭이 많으면 간결해진다. 구는 반지름이라는 단 하나의 숫자로 표현된다. 수학자 조지 데이비드 버코프는 대칭의 정도로 아름다움을 수치화하려 했을 정도다. 물리학자는 종종 어떤 물리이론이 아름답다고 말한다. 수식을 보며 아름답다고 말하는 사람도 있다. 대체 이들은 방정식에서 어떻게 아름다움을 찾는 걸까? 이론의 아름다움은 그것이 가진 간결함, 즉 대칭에서 온다. 올바른 이론은 적합한 대칭성을 갖는다. 이런 이론은 아름답다. 결국 아름다움은 진리다.

$$F=ma$$

세상은 운동이다

물리학자가 세상을 보는 방법

낯과 밤이 바뀌고, 자동차가 움직이고, 스마트폰으로 문자가
오가고, 사람들이 대화한다. 주변을 둘러보면 수많은 일들이 일어
나고 있다. 이 모든 것이 왜 이러한지를 설명하려면 어디서부터 시
작해야 할까? 막막하기 이를 데 없다. 모든 것을 주관하는 전능한
존재인 '신'이 있다고 하면 어떨까? 사실 이것보다 쉬운 답은 없다.
모든 일은 신 때문이라고 하면 되니까. 어찌 보면 이것은 답이 아
니다. "태양이 뜬다"를 "신이 태양을 뜨게 했다"로 바꾼 것에 불과
하다.

오늘날 물리학에서 이해방식은 다음과 같다. 기본적으로 세상은 텅 빈 공간이다. 빈 공간 안에서 물체가 움직인다. 중요한 것은 물체와 움직임, 두 가지다. 태양, 자동차, 스마트폰, 인간과 같은 모든 것이 물체에 해당하며 이들은 아주 작은 원자들의 모임으로 되어 있다. 원자를 '레고'블록이라고 생각하면 이해가 쉬울 거다. 그러면 세상 모든 것은 빈 공간에 놓인 레고블록의 조립물이라는 말이다. 이런 관점은 당연하지 않다. 물체가 존재하고 운동하는 배경이 되는 빈 공간, 그러니까 '진공'이라는 개념에 대해서 한때 수많은 과학자와 철학자들은 반대했다.

태양과 자동차의 운동, 스마트폰의 진동은 모두 물체의 움직임에 해당한다. 사람들이 대화하는 것도 운동으로 이해할 수 있다. 말하는 사람의 목이 진동하여 '소리'라 불리는 주변 공기의 진동을 만든다. 이것이 상대방 귀 속의 달팽이관에 들어 있는 내부 액체를 진동시킨다. 이를 세포가 감지하여 전기신호를 일으키고 이것이 뇌로 전달된다. 전기신호란 것도 세포막을 통해 이동하는 나트륨, 칼륨 같은 이온의 운동에서 오는 것이다. 물리학자는 이처럼 세상을 '운동'으로 이해한다.

운동은 위치의 문제

　그렇다면 '운동'이란 무엇일까? 답부터 말하자면 운동은 위치 변화다. 위치의 변화가 없는 것도 '정지'라는 운동이다. 위치는 공간과 물체 사이의 관계다. 편의상 물체에서 한 점을 잡아 그것으로 물체의 운동을 기술하자. 예를 들어 사람이라면 코끝을 잡아도 된다. 이제 사람의 운동은 코끝에 있는 점의 연속적인 위치 변화가 된다. 이 점들을 따라가면 선이 만들어진다. 이렇게 운동은 선이라는 추상적 대상이 된다. 물리학자에게 운동은 '선'이다.

　운동은 숫자로 나타낼 수도 있다. "나는 생각한다. 고로 존재한다"라고 말한 데카르트의 업적이다. 그에 따르면 3차원 공간상의 위치는 가로, 세로, 높이를 나타내는 세 개의 숫자로 표현된다. 이것을 '좌표'라고 부른다. 당연한 것 같지만 이것은 혁명적인 아이디어다. 운동은 공간의 선, 즉 도형이 되고, 이 도형은 숫자로 표현된다. 숫자는 수식으로 다룰 수 있으니 운동을 수학으로 기술할 수 있다는 의미다. 사실 이 때문에 중고등학교 수학시간에 우리는 '함수'라는 것을 배운다. 함수는 수식과 도형을 연결해주는 장치다. 물리학자는 수식에서 도형을 읽어내고, 도형에서 운동을 보고, 운동으로 자연을 이해한다.

　좌표를 쓰기 위해서는 기준점이 필요하다. 해운대는 부산역을 기준으로 동쪽으로 11킬로미터, 북쪽으로 4.6킬로미터 지점에 위치한다. 광안리를 기준으로 하면 동쪽으로 2킬로미터가 된다. 기준점은 아무 곳이나 잡아도 될 거 같지만, 그리 단순하지 않다. 태양이 돈다는 천동설은 내가 기준점이 되는 기술이다. 하지만 기준점이 움직이고 있다면 문제가 복잡해진다. 이런 경우 누가 운동의 기준점이 되어야 할까? 이 문제를 깊이 파고들면 아인슈타인의 특수상대성이론이 나온다.

운동법칙

이제 운동이 무엇인지는 알았다. 그렇다면 운동을 기술하는 법칙이 있을까? 있다면 법칙이 왜 존재할까? 이에 대해서도 심오한 철학적 논의를 할 수 있다. 하지만 물리학자는 의외로 쉬운 답을 가지고 있다. 그냥 법칙이 있다고 믿는 거다. 이걸 종교라고 비난하면 할 말은 없다. 비행기는 10만 개의 부품이 한 치의 오차 없이 운동법칙에 따라 작동하여 날아간다. 이걸 보며 법칙이 없다고 상상하기도 쉽지 않다.

물리학자는 아직 우주를 이해하는 완벽한 법칙을 가지고 있지 않다. 그렇지만 점점 더 많은 자연현상이 법칙으로 기술되고 있다.

때로 이전의 법칙에서 심각한 문제가 발견된 적도 있었다. 하지만 새로운 법칙은 이전의 법칙을 조화롭게 포함하며 그 적용 범위를 확장해왔다. 이 때문에 물리학자는 우주를 기술하는 궁극적인 법칙이 있을 거라 믿는다. 물론 여기에도 수많은 비판이 가능하다. 법칙은 환상이고 물리학자들끼리 합의한 규칙일 뿐이라는 거다.

운동법칙은 갈릴레오에 의해 제시되고 뉴턴에 의해 정립되었다(로버트 훅과 라이프니츠의 공로에 대한 과학사적 논란이 있지만, 여기서는 다루지 않겠다). 이에 따르면 운동법칙은 단 한 줄로 기술된다. "외부에서 아무런 영향이 없을 때, 물체는 일정한 속도로 직선운동 한다." 외부 영향이 없다는 것은 대상이 되는 물체를 제외한 다른 모든 것을 다 없애버린 상태를 말한다. 이런 상황을 실제 구현하기는 힘들다. 물질이 거의 없는 우주공간에 나가면 그나마 비슷한 상황이 된다.

이 법칙에서 나오는 자연스러운 귀결은 "외부 영향이 있으면 물체가 등속이 아니거나 직선을 따라 운동하지 않는다"라는 거다. 여기서 원인이 결과에 선행한다는 인과율을 가정해야 한다. 당연한 것 같지만, 철학자 흄은 인과율을 의심한 것으로 유명하다. 두 사건 A와 B가 있다고 해보자. 우리는 두 사건을 각각 경험할 수 있지만 A에 들어 있는 B의 함축이나 B에 들어 있는 A의 함축 같은 추상적 개념을 직접 경험할 수는 없다. 우리가 경험하는 것은 A와 B가 연속하여 일어난 경험뿐이다. 엄밀히 보자면 이것은 A와

B가 연접하여 나타나는 것인 의미할 뿐, 이 둘 사이에 필연적 혹은 인과적 관계가 있다는 것을 의미하지 않는다.

인과율을 가정한다면 이제 남은 일은 갈릴레오가 말한 운동법칙을 수학으로 쓰는 거다. 그 일을 뉴턴이 했다. 앞서 말한 'F=ma'다.

컴퓨터시뮬레이션을 하거나 비행기가 항법장치에 따라 움직이는 데에도 적분이 필요하다. 여기서 적분을 하는 것은 컴퓨터라는 기계다. 컴퓨터는 (유한하지만) 충분히 작은 크기로 시간을 나누어 더한다. 수치적분이라 불리는 방법이다. 예를 들어 주어진 구간을 100만 개로 나누어 더하는 식이다. 인간이라면 1초에 한 번 더하기를 하더라도 꼬박 열흘 이상 걸릴 거다. 하지만 컴퓨터는 100만 번 더하는 데 1초도 안 걸린다. 이처럼 컴퓨터의 힘은 속도에서 온다. 기계라도 적분을 할 수 있다면 운동법칙에 따라 미래를 예측할 수 있다.

수학은 자연을 믿을 수 없을 만큼 정확하고 효율적으로 기술한다. 수학적으로 문제가 있는 것이 물리법칙이 된 예는 없다. 물리학자는 외계인을 만나더라도 수학으로 소통이 가능할 거라 믿는다. 우주가 정말 수학으로 쓰인 것인지 우리가 수학의 틀로만 세상을 이해할 수 있는지 모르겠지만, 수학이 없다면 물리도 없다.

물리는 세상을 운동으로 이해한다.

우주는 떨림과 울림

가장 중요한 운동

전 세계 대부분의 물리학자는 대학 2학년 때 '역학'이라는 과목을 배우며 본격적인 물리공부를 시작한다. 대부분의 역학 교재는 한 가지 운동을 분석하며 시작된다. 바로 '단순조화진동', 줄여서 '단진동'이다. 단진동이란 용수철에 달린 물체의 운동이다. 예를 들자면, 옛날 진자시계의 진자가 보이는 진동이다.

원운동 또한 단진동이다. 원운동 하는 물체를 원운동하는 평면의 옆에서 보면 좌우로 운동하는 것처럼 보이는데, 이것이 정확히 용수철에서 진동하는 물체의 운동과 같다. 그렇다면 태양 주위를 도는 지구와 같은 천체의 운동은 대부분 단진동이 된다. 원자의 운동도 단진동이다. 지구가 태양 주위를 회전하듯이 전자는 원자핵 주위를 돈다. 세상을 이루는 가장 작은 원자와 거대한 천체의 운동이 모두 단진동으로 되어 있다는 의미다.

주위를 둘러보면 대부분의 물체는 움직이지 않고 정지해 있다. 하지만 정지는 사실 단진동이다. 당신 앞에 놓인 테이블을 가만히 쳐다보라. 움직이지 않을 거다. 하지만 전자현미경으로 보면 미세한 진동을 볼 수 있다. 정밀한 물리실험을 할 때 테이블 위에 실험장비들을 그냥 늘어놓는 경우는 없다. 진동을 잡아주는 여러 가지 조치를 취해야 한다. 지금 당신이 손을 들고 가만히 있어도 손을 자세히 보면 미세하게 떨리는 것을 볼 수 있다. 양자역학에 따르면 미시세계에서 완벽한 정지 상태는 불가능하다. 결국 모든 정지는 단진동이다. 단진동은 중요하다.

긴 줄의 한쪽을 쥐고 흔들면 파동이라 불리는 줄의 움직임이 만들어진다. 사실 파동은 단진동의 모임이다. 줄의 어느 한 부분에 붉은 매듭 같은 것을 묶어놓고 관찰하면 매듭은 아래위로 단진동한다. 따라서 파동도 단진동의 일종이라 할 수 있다. 전파, 빛, 소리는 모두 파동이다. 우리는 촉각이나 냄새가 아니라 듣고 말하고 보는 것으로 소통한다. 뇌의 활동도 수많은 전기신호의 진동으로 되어 있다. 즉, 인간은 단진동으로 소통하고 세상을 인지한다.

지구가 태양 주위를 회전하듯이 전자는 원자핵 주위를 돈다. 세상을 이루는 가장 작은 원자와 거대한 천체의 운동이 모두 단진동으로 되어 있다.

단진동은 물체가 평형상태에 머무르려는 속성이 있을 때 일
어난다. 손가락으로 종아리를 누르면 종아리는 금방 원래 모습으
로 복구된다. 종아리 살을 당겨도 손을 놓으면 금방 원래 모습으로
돌아간다. 여기에는 복원력이라는 힘이 작용하고 있기 때문이다.
용수철도 마찬가지다. 평형 길이보다 용수철이 늘어나면 평형으로
돌아가려는 힘이 작용한다. 힘을 받은 물체는 가속된다. 물체가 평
형 위치에 왔지만 이제는 가속으로 얻은 속도 때문에 멈추지 못한
다. 그래서 물체는 평형 위치를 지나쳐 계속 진행한다. 그러면 다
시 복원력이 작용하기 시작한다. 속도는 느려지고 결국 물체는 멈
춘다. 하지만 용수철은 이미 늘어난 상태다. 그래서 다시 평형으로
돌아가려는 힘이 작용하고 이렇게 이야기는 영원히 계속된다.

마찰이 있다면 물체는 결국 멈춘다. 당겨진 종아리 살이 진동
하지 않고 바로 서는 것은 마찰이 크기 때문이다. 우리 인생도 마
찬가지가 아닐까. 중심에 이르고자 하지만 항상 지나쳐 다른 한쪽
으로 치우치게 된다. 단번에 원하는 중심에 도달하기는 힘들다. 결
국 진동이 잦아들며 조금씩 목표에 접근해가는 거다.

단진동은 진동수와 진폭이라는 두 가지 물리량으로 기술된
다. 용수철에 달린 물체가 두 지점을 오가는 데 걸리는 시간을 '주

기', 두 지점 사이의 시비를 '긴격'이니 인다. 주기의 역수逆數를 '진동수'라 하고, 단위로 헤르츠(Hz)를 쓴다. 컴퓨터 프로세서 펜티엄 칩의 진동수가 2.3기가헤르츠(GHz)라는 것은 1초에 23억 번의 단진동이 일어난다는 뜻이다. 컴퓨터 내부의 전기신호도 단진동이다. 지구가 태양 주위를 도는 단진동은 주기가 365일, 진동수로는 3,000만 분의 1헤르츠 정도 된다. 진동수는 중요하다. 용수철마다 자신의 고유한 진동수를 갖기 때문이다. 단진동의 세계에서 진동수는 주민등록번호다.

우주는 단진동이다

사람은 하루 주기로 생활한다. 진동으로 이야기하면 사람의 고유진동수가 24시간이라는 의미다. 사실 이것은 지구의 자전이 만들어낸 진동이다. 사람이 태양을 보지 않아도 24시간 주기의 생활을 할까? 인간 내부에 고유진동수를 갖는 자체 시계가 있느냐는 질문이다. 해외여행 중 시차 때문에 고생을 해본 사람은 생체시계가 있다고 생각할 거 같다. 1972년 미셸 시프르는 자신의 몸을 대상으로 실험을 한다. 햇빛이 들지 않는 지하에 갇혀 인공 빛만으로 몇 달을 지내야 하는 끔찍한 실험이었다. 1962년 유사한 실험에서는 실험자가 반쯤 미친 상태가 되었다고 한다. 시프르의 결과는 놀랍다. 처음 5주일 동안 26시간의 주기로 생활을 했다. 하지만 37일째부터 40~50시간 주기를 보이기 시작한다. 이후로 26시간과 40~50시간 주기를 들쭉날쭉 반복하는 행태를 보인다. 이것은 자발적 내부 비동기화라 불리는 현상이다. 사람은 복잡한 진자다.

물론 사람보다 복잡한 진동도 많다. 세상의 모든 진동, 아니 모든 운동을 단진동으로 이해할 수 있을까? 대학원 수준의 역학에 가면 '액션—앵글action-angle 변수'라는 것을 배운다. 이는 모든 운동을 단진동의 조합으로 바꾸는 수학의 마술이다. 이걸 처음 배울 때 느꼈던 충격이 떠오른다. 세상 모든 것은 단진동이구나! 하지만 교과서는 이 이론이 적용되지 않는 경우가 있다는 불길한 멘트와 함께 끝난다. 이런 방법을 써서 복잡한 문제를 쉬운 문제로 바꿔 푸는 트릭을 사용할 수 있는데, 이때 뜻하지 않게 답이 무한히 커지는 경우를 만날 수 있다는 뜻이다. 물리이론에서 무한대가 나오면 뭔가 완전히 잘못되었다는 의미다. 무한대가 등장하는 곳에 숨어 있는 것은 바로 '카오스'다. 카오스는 주기가 무한대인 주기운동이다. 주기가 무한하다는 말은 처음으로 돌아오는 데 무한한 시간이 걸린다는 말이니 처음으로 돌아올 수 없다는 말이나 같다. 따라서 주기운동이라는 말 자체가 모순이다. 100억 년 뒤에 돈을 갚겠다는 말이 갚지 않겠다는 뜻인 것과 마찬가지다.

대학 수학의 대부분은 단진동을 이해하기 위한 것이나. 삼각함수, 선형대수학, 미분방정식, 푸리어급수 등이 그 예다. 진자 하나를 당겼다 놓으면 단진동한다. 하지만 진자 두 개를 연결하여 흔들면 어떻게 될까? 조금만 당겼다 놓으면 역시 단진동한다. 하지만 높이 당겼다 놓으면? 교과서에는 그렇게 하지 말라고 되어 있다. 거기에는 카오스라는 고통이 있다. 세상에 있는 대부분의 물체는 정지에 가까운 작은 진동을 할 때에만 단진동한다. 진폭이 커지면 대개 카오스다.

하지만 단진동은 여전히 중요하다. 태양 주위를 도는 지구를 생각해보자. 이 운동은 단진동이다. 하지만 지구 자체는 단진동이 아니다. 지구가 진동이 아니라니, 이게 무슨 뚱딴지같은 말일까. 20세기 들어 물리학에는 혁명이 일어난다. 혁명의 핵심은 간단하다. 파동이라고 굳게 믿고 있던 빛이 물질과 같이 행동한다는 사실이 알려진 것이다. 더 나아가 원자핵 주위를 도는 전자는 그 자체로 파동, 즉 단진동이라는 거다. 처음에는 전자가 원자핵 주위를 단진동하며 동시에 파동처럼 행동한다고 생각했다. 그래서 전자의 운동을 기술하는 파동방정식이 만들어진다. 양자역학이라는 학문이다. 여기서는 공간을 가로질러 직선으로 날아간다고 믿었던 물질들이 사실은 소리처럼 파동과 같이 진행한다고 주장한다.

말도 안 되는 이야기 같지만 증거가 쌓여가자 결국 물질과 파동의 경계가 허물어진다. 파동은 물질이 운동하는 방식의 하나가 아니라 물질 그 자체의 본질일지도 모른다는 거다. 결국 양자장론이라는 분야가 만들어지는데, 여기서는 파동으로부터 물질을 만들어낸다. 이야기는 여기서 끝나지 않는다. 물질의 궁극을 탐구하던 현대물리학은 세상이 (상상도 할 수 없이 작은) 끈으로 되어 있을지 모른다는 생각을 하게 되었다. 이것을 초끈이론이라 한다. 여기서는 작은 끈의 진동방식에 따라 서로 다른 물질들이 만들어진다. 당신이 기타로 '도'를 치면 코끼리가 나오고, '미'를 치면 호랑이가 나온다는 말이다. 결국 세상은 현絃의 진동이었던 거다.

우주는 초끈이라는 현의 오케스트라다. 그 진동이 물질을 만들었고, 그 물질은 다시 진동하여 소리를 만든다. 힌두교에서는 신을 부를 때, 옴aum이라는 단진동의 소리를 낸다고 한다. 이렇게 소리의 진동은 다시 신으로, 우주로 돌아간다. 결국 우주는 떨림이다.

우주의 존재와 인간이라는 경이로움

쿼크에서 원자까지

우주의 모든 물질은 기본입자들의 모임으로 되어 있으며, 시간과 공간 속에 존재한다. 물질을 이루는 기본입자는 쿼크, 렙톤, 게이지보손, 스칼라보손으로 구성된다. 괴상한 이름들이지만 당신의 몸도 이것들로 이루어져 있다. 쿼크와 렙톤은 물질을 만드는 레고블록이다. 이들을 서로 붙이고 이어주는 것이 두 종류의 보손인 게이지보손과 스칼라보손이다. 2013년 노벨물리학상은 힉스입자의 존재를 예견한 물리학자들에게 돌아갔는데, 힉스입자가 스칼라보손이다. 쿼크가 모이면 양성자, 중성자와 같이 익숙한 입자들이 만들어진다. 전자는 렙톤이다.

우주는 크기에 따라 적용되는 규칙이 바뀐다. 원자세계에서는 양자역학, 거시세계에서는 고전역학으로 기술해야 한다. 이 두 역학은 형태만이 아니라 근본철학조차 완전히 다르다. 고전역학은 17세기 후반 뉴턴이 만든 오래된 체계다. 여기서는 시간에 따라 물체의 위치가 연속적으로 변해간다. 힘이 존재하면 운동의 양상에 변화가 생기며, '$F=ma$'라는 짧은 식이 그 변화를 기술한다.

양자역학은 물체의 위치를 시간에 따라 연속적으로 기술하는 것 자체를 허용하지 않는다. 여기서는 물체가 어떤 상태에 있는 것과 우리가 그 사실을 아는 것이 분리된다. 우리가 알게 되는 과정을 '측정'이라 한다. 예를 들어 원자의 위치를 측정하는 것은 원자가 이미 점하고 있던 위치를 확인하여 그것을 알려주는 과정이 아니다. 측정 이전에 원자의 위치는 존재하지 않는다.

원자에서 우주까지

원자는 쿼크나 전자같이 더 작은 기본입자들로 구성되어 있다. 하지만 인간의 시각에서 보자면 원자야말로 물질의 근본이라 할 만하다. 우리는 산소를 호흡하고 일산화이수소(물)를 마시며 탄

화수소를 먹는다. 어찌 보면 세상은 원자들이 끊임없이 쪼개지고 결합하는 것에 불과하다. 원자의 결합과 분열에 의미는 없다. 물리법칙에 따라 움직일 뿐이다. 인간도 예외는 아니다. 우리 몸도 원자로 되어 있기 때문이다.

원자들을 하나로 묶어주는 힘은 전자기력이다. 원자 주위를 날아다니며 원자의 모든 대외업무를 담당하는 것은 전자의 몫이다. 원자핵은 원자 질량의 대부분을 보유한 채 깊숙이 처박혀 있다. 소듐과 염소 원자가 만나면 소듐의 전자 하나가 염소로 이동한다. 이렇게 되면 전자를 잃은 소듐은 양(+)전하를 띠게 되고 전자를 얻은 염소는 음(-)전하를 띠게 된다. 이들 사이에 전자기적 인력이 생겨난 것이다. 이런 방식으로 결합된 고체를 염화소듐(소금)이라 부른다.

수소 두 개가 만나면 한쪽 전자가 양쪽 원자핵 주위에 동시에 존재하는 상태가 형성된다. 지구 두 개가 만났을 때 각각의 달이 두 개의 지구를 한꺼번에 도는 거랑 비슷하다. 이를 공유결합이라 부른다. 당신 몸을 이루는 물질 대부분은 공유결합으로 되어 있다. 물질을 이루는 모든 원자가 전자들을 한꺼번에 공유하는 경우, 도체가 된다. 대부분의 금속은 도체다. 이렇게 모든 원자에 공유된 전자들은 도체 내부를 자유롭게 움직일 수 있다. 이런 전자를 자유전자라 한다. 당신이 지구상 모든 장소에 동시에 존재할 수 있다면 어디든 자유롭게 움직일 수 있는 것과 같은 이치다.

원자들이 결합한 것을 분자라 한다. 분자는 너무 작아 눈에 보이지 않는다. 우리 주위에 보이는 물질의 대부분은 눈에 보일까 말까 하는 작은 분자나 고분자들의 집합체인 경우가 많다. 지구상의 물질은 대개 복잡한 고분자 알갱이들이 뒤엉켜 있는 것이다. 암석이나 흙은 알루미늄, 소듐, 포타슘 같은 금속산화물과 규소염의 복합물이다. 지구 내부로 들어갈수록 철, 마그네슘, 니켈같이 무거운 원자들이 많아진다. 쉽게 말해서 지구는 금속 덩어리라고 볼 수 있다. 수성, 금성, 화성도 지구와 마찬가지로 암석 행성이다. 하지만 암석형 행성은 우주의 비주류다. 태양계 질량의 대부분은 태양이 가지고 있는데, 태양은 기체 덩어리다. 태양계 내의 거대 행성인 목성, 토성 등도 기체 행성이다.

결국 우리가 사는 지구는 특별한 재료로 되어 있지 않다. 그냥 원자들의 모임일 뿐이다. 우주의 모든 물체가 그러하듯이.

원자에서 생명까지

우주를 이루는 물질에 대해서 큰 틀은 다 이야기했다. 하지만 지구에서는 아직 이야기할 것이 남아 있다. 분자들 가운데 탄소화

합물은 특별하다. 복잡하고 긴 구조물을 쉽게 형성할 수 있기 때문
이다. 더구나 탄소화합물은 산소와 결합하며 에너지를 방출한다.
이를 연소라 부르는데, 쉽게 말해서 타는 거다. 이유는 모르겠지만
지금으로부터 38억 년 전 지구상 어딘가에서 탄소화합물로 이루어
진 화학반응의 복합체가 탄생한다. 그 복합체는 에너지를 생산하
여 자신의 구조를 유지할 뿐 아니라 그 구조를 같은 형태로 복제하
는 능력을 가졌다. 바로 생명이다.

　지구상의 생명체는 포도당이라는 탄소화합물을 산소와 결합
시켜, 쉽게 말해 태워서 에너지를 얻는다. 고상한 말로 산화시킨다
고도 한다. 부산물로 이산화탄소가 나온다. 인간의 경우 호흡이 그
과정이다. 그래서 우리는 산소를 들이마시고 이산화탄소를 내뱉는
다. 숨을 쉬지 않으면 에너지를 얻을 수 없으므로 바로 죽는다. 우
리가 포도당을 보면 환장하는 이유이기도 하다. 포도당이 뭐냐면
사탕처럼 단맛이 나는 것들이다.

　인간과 같은 동물은 포도당을 합성하지 못한다. 그것은 식물
의 몫이다. 식물은 광합성이라는 화학과정을 통해 이산화탄소를
분해하여 당으로 재조립한다. 광합성이야말로 지구상의 모든 생명
을 지탱하는 화학반응이다. 포도당이 산소와 결합하며 에너지를
내놓는다는 것은, 거꾸로 포도당을 만들 때 에너지가 필요하다는
말이다. 에너지보존법칙 때문이다. 식물이 에너지를 창조해내는

것은 아니고 태양에서 그 에너지를 얻는다. 정확히는 태양빛으로 물을 분해하여 얻은 수소를 이용하는데, 산소는 부산물로 그냥 내다버린다. 결국 동물은 포도당과 산소 모두를 식물에게서 얻는 셈이다.

이런 화학반응체계가 경이롭기는 하지만 개별과정은 모두 물리학적으로 설명할 수 있다. 이런 체계가 자연에 일단 만들어지면 그다음부터는 스스로 굴러가며 자신의 체계를 유지할 수 있다. 하지만 시간이 지나면 오류가 조금씩 발생하고 구조에 결함이 생길 것이다. 결국 작동을 중단하게 될 텐데, 쉽게 말해서 죽는다는 말이다. 이런 화학반응의 복합체가 왜 자신의 구조를 유지하려 하는지는 모르겠지만, 그 구조를 영원히 유지하는 최선의 방법은 자신을 무수히 복제하는 것이다. 그러려면 자신의 구조에 대한 정보를 어딘가에 저장하고 그 정보로부터 구조를 만들어낼 수 있어야 한다.

지구상의 생명체에서 이런 역할을 하는 것이 바로 유전자다. 유전자도 물론 원자로 되어 있다. 놀랍게도 지구상의 거의 모든 생명체는 동일한 구조의 유전자에 같은 방식으로 정보를 저장하고 이용한다. 생명의 다양성을 생각할 때, 이것이 우연일 리 없다. 모든 생명체가 단 하나의 생명체로부터 분화한 것이다. 물리학자의 시각으로 볼 때, 진화는 놀랍지 않다. 에너지를 생산하며 자기 구조를 유지하는 분자기계가 있고, 이것이 자기 복제하는 능력을 가지게 되면 기회는 맺어이다 ... 도 진화하는 컴퓨터 바이러스나 인공지능은 의외로 쉽게 만들어질 수 있다. 지구상에 나타난 최초의 생명체는 진화를 거듭하여 결국 인간에 이르렀다.

생명은 화학반응의 집합체다. 생존과 복제가 모두 화학반응에 불과하다. 그런 화학반응들이 어떻게 한데 모여 집합을 이루었는지가 미스터리다. 하지만 개별 화학반응은 원자들이 일상적으로 보여주는 결합과 분열에 불과하다.

물리에서 인간으로

지금까지 우리는 기본입자에서 분자, 인간을 거쳐 태양과 은하에 이르는 우주의 모든 존재와 사건을 훑어봤다. 결국 물리학이 우주에 대해 우리에게 무엇을 말해주는 걸까? 물리는 한마디로 우주에 의미가 없다고 이야기해준다. 우주는 법칙에 따라 움직인다. 뜻하지 않은 복잡성이 운동에 영향을 줄 수도 있지만 거기에 어떤 의도나 목적은 없다. 생명체는 정교한 분자화학기계에 불과하다. 초기에 어떤 조건이 주어졌는지는 우연이다. 하루가 24시간이거나 1년이 365일인 것은 우연이다.

지구가 태양 주위를 도는 것은 기쁜 일도 슬픈 일도 아니다. 아무 의미 없이 법칙에 따라 그냥 도는 것뿐이다. 지구상에서 물체가 1초에 4.9미터 자유낙하 하는 것은 행복한 일일까? 4.9라는 숫자는 어떤 가치를 가질까? 4.9가 아니라 5.9였으면 더 정의로웠을까? 진화의 산물로 인간이 나타난 것에는 어떤 목적이 있을까? 공룡이 멸종한 것에 어떤 의미가 있을까? 진화에 목적이나 의미는 없다. 의미나 가치는 인간이 만든 상상의 산물이다. 우주에 인간이 생각하는 그런 의미는 없다.

　　그렇지만 인간은 의미 없는 우주에 의미를 부여하고 사는 존재다. 비록 그 의미라는 것이 상상의 산물에 불과할지라도 그렇게 사는 게 인간이다. 행복이 무엇인지 모르지만 행복하게 살려고 노력하는 게 인간이다. 인간은 자신이 만든 상상의 체계 속에서 자신이 만든 행복이라는 상상을 누리며 의미 없는 우주를 행복하게 산다. 그래서 우주보다 인간이 경이롭다.

우주는 법칙에 따라 움직인다. 지구가 태양 주위를 도는 것은 기쁜 일도 슬픈 일도 아니다. 아무 의미 없이 이 법칙에 따라 그냥 도는 것뿐이다. 의미나 가치는 인간이 만든 상상의 산물이다. 그래서 우주보다 인간이 경이롭다.

상상의 질서, 그것을 믿는 일에 관하여
『사피엔스』

과학은 단지 지식이 아니라 세상을 대하는 태도 혹은 방법이라고 생각한다. 선입견 없이, 객관적이고 재현 가능한 물질적 증거에만 기초하여 결론을 내리는 태도 말이다. 이런 입장에서 『사피엔스』는 인문학자가 쓴 책이지만 나쁘지 않은 과학책이다.

인간의 역사를 우주의 탄생, 그러니까 빅뱅에서부터 시작하는 서술방식을 '빅 히스토리'라고 부른다. 빅 히스토리는 별과 원소의 탄생, 태양계와 지구, 생명의 탄생과 진화를 거쳐 인간에 이르는 것이 보통이다. 이 책은 인간종의 탄생에서 시작하니까 빅 히스토리치고는 상당히 작은 스케일을 다룬다고 볼 수 있다. 하지만 클레오파트라나 무적함대, 얄타회담 같은 이야기를 볼 수 없다는 것은 이 책이 빅 히스토리의 진실을 요약서 시전했다는 증거이다. 호모 사피엔스 종의 역사와 특징 그리고 미래를 인간의 눈이 아니라 마치 외계 생명체가 바라보듯이 기술했다는 뜻이다.

『사피엔스』에서 역사를 바라보는 신선한 관점은 독자에게 충격을 준다. 우리는 농업에 엄청난 의미를 둔다. 로빈슨 크루소나 영화 〈마션〉의 마크 와트니 모두 홀로 생존하게 되자 농업에 집착한다. 하지만 농업혁명은 거대한 사기다. 지금처럼 개량된 농작물이 없었고, 농업기술도 형편없었던 농업혁명 초기에는 농부가 수렵채집인보다 더 나을 게 없었다. 더구나 농업은 고된 노동, 계급과 착취, 질병을 가져왔다. 그렇다면 사피엔스는 왜 농업을 선택했을까? 하라리는 우리가 농업을 선택한 것이 아니라 농작물이 우리를 선택한 거라 주장한다. 이 주장의 옳고 그름을 아직 과학적으로는 가릴 수 없지만, 농업 시작의 미스터리를 이보다 더 극적으로 기억시키는 방법도 없으리라.

사피엔스는 상상의 질서를 창조하고 그것을 믿는 능력을 가졌다. 하라리는 이것이 사피엔스의 중요한 특성이라 주장한다. 삼성전자는 실제로 존재하는 것일까? 뚱딴지같은 질문이다. 삼성전자가 만든 제품이 삼성전자는 아니다. 그렇다면 임직원들이 삼성전자인가? 만약 현재의 임직원이 모두 사망하고 다른 사람으로 대체되어도 삼성전자는 여전히 존재할 것이다. 곰곰이 생각해보면 삼성전자는 어떤 가상의 개념이다. 인간이 아니면서 인간의 법적 권리를 갖는 상상의 산물, 법인法人이다. 인간사회는 이런 가상의 개념을 믿는 것으로 지탱된다. 화폐, 무역, 사회제도, 도덕은 말할 것도 없고, 심지어 우리가 지고지순의 가치를 두는 자유, 평등, 진보 같은 것도 모두 상상의 산물이다. 이것은 우리가 왜 신화와 종교를 믿는지도 설명해준다. 한 국가의 경제가 신용이라는 실체 없는 개념에 크게 의존하는 것도 이 때문이다.

하라리의 참신한 시각은 계속 이어진다. 사피엔스 역사의 종착지는 과학혁명이다. 하라리에 따르면 과학과 제국주의, 자본주의는 서로 떼려야 뗄 수 없는 관계를 맺고 있다. 근대 유럽인들에게 제국 건설은 과학적 프로젝트였고, 과학자들은 이 프로젝트에 실용적 지식, 이데올로기적 정당화, 기술적 장치를 제공했다. 자본주의는 성장이라는 환상 위에 세워져 있고, 성장을 이루어내는 것은 과학이다. 책의 뒷부분으로 갈수록 증거를 제시하기보다 저자의 주관적 생각을 이야기로 적당히 풀어낸다는 느낌이 들지만 그의 이야기는 여전히 재미있다.

『사피엔스』의 여정 끝에서 우리는 행복이 무엇이냐는 다소 철학적인 질문을 만난다. 하라리는 생물학과 사회과학을 무기로 역사를 해부하고 있지만, 인간을 이해하는 가장 중요한 틀은 '상상을 믿는 능력'이라는 다소 관념적인 것이다. 그의 이야기가 결국 행복에 다다를 것도 그런 이유일까? 하라리는 인류가 주대히 기로에 서 있다고 경고한다. 인류는 세상을 파멸시킬 능력을 가지고 있기 때문이다. 인류가 직면한 문제를 해결하는데, 인문학이냐 과학이냐를 따지는 것은 무가치하다고 생각한다. 『사피엔스』가 우리에게 던지는 충격과 메시지는 그래서 소중하다.

인간의 힘으로 우주의 진리를 알아가는 것
『천국의 문을 두드리며』

　　입자물리 분야는 교양과학책의 절대강자라 할 만하다. 일반
상대성이론, 끈이론, 평행우주, 신의 입자 등 인기 절정의 과학이
슈들이 많다. 베스트셀러도 즐비하다. 스티븐 호킹의 『시간의 역
사』, 브라이언 그린의 『엘러건트 유니버스』, 『우주의 구조』, 미치오
가쿠의 『평행우주』, 『마음의 미래』는 여기에 속하는 책이다. 여기에
한 명 더 추가하자면 리사 랜들을 말하고 싶다.

　　랜들은 어렵기로 소문난 입자물리학 분야에서 정말 드문 여
성과학자일 뿐 아니라, 자신의 이름이 붙은 랜들-선드럼 모델을
제안한 천재 물리학자이기도 하다. 전작 『숨겨진 우주』에서 뛰어난
글솜씨로 이미 언론의 주목을 받은 바 있다.

『천국의 문을 두드리며』의 제목은 "구하라, 그리하면 너희에게 주실 것이요"로 시작하는 마태복음의 한 구절에서 따온 것이다. 인간의 지식 탐구는 신을 위한 것이자 신의 도움 없이는 이룰 수 없는 것이란 의미를 내포하고 있다. 랜들은 이 말을 반어적으로 사용하고 있다. "우주의 진리 그 자체가 목적이며 인간의 힘만으로 그것을 알아낼 수 있다"라고 말하고 싶은 거다. 그래서 랜들은 이 책에서 과학 그 자체에 대한 많은 이야기를 한다. 여기에는 스케일scale 문제, 과학의 불확실성, 과학이론의 아름다움, 과학과 종교 같은 것들이 포함된다.

과학은 '스케일'에 따라 기술방법을 달리한다. 과학자들이 무언가 안다는 것은 일정 범위의 거리나 에너지 영역에서 잘 작동하는 생각이나 이론을 가지고 있다는 뜻일 뿐이다. 따라서 입자물리학자가 원자물리학을 모르고 원자물리학자는 생물학을 모른다. 랜들은 '스케일'을 통해 과학에 대한 흔한 오해를 불식시키고 싶은 것 같다. 예를 들면 이런 거다. "양자역학은 고전역학이 틀렸다는 것을 보여준다." 고전역학의 규칙은 거시세계에서 여전히 잘 작동한다. 하지만 이 규칙을 다른 스케일, 그러니까 원자, 분자에 적용하려 하면 문제가 생길 뿐이다. 여기서는 새로운 이론, 양자역학이 필요하다.

과학자들은 자신이 아는 것과 모르는 것을 분명히 구분하여 말한다. 모르는 것을 인정하는 것이야말로 과학이 특별한 이유다. 심지어 과학자는 아는 것조차 분명하게 '예/아니요'로 말하지 못한다. 이런 태도는 일반인에게 과학이 불확실하다는 오해를 줄 수 있다. 하지만 과학은 불확실성과 확률을 현명하게 다루어 확실성을 얻는 방법이다. 양자역학은 불확정성의 원리를 가지고 있지만, 인류가 만든 어떤 과학이론보다 정확한 예측을 내놓을 수 있다.

이 책은 이 분야의 다른 책들처럼 물리학의 역사와 중요 물리 개념, LHC의 물리학에 대해서도 자세히 다루고 있다. 특히 LHC-블랙홀에 대한 이야기는 매우 흥미롭다. 길이가 27킬로미터에 달하는 대형 입자가속기인 LHC가 처음 가동될 당시, LHC 내부에 블랙홀이 발생할지 모른다는 걱정이 있었다. 물리적 설명과 그 뒷이야기를 책에서는 자세히 다루고 있다.

하지만 나에게는 과학자가 과학을 바라보는 진솔하면서도 냉정한 이야기가 아주 인상 깊었다. 세상을 이해하는 유물론적 관점, 종교와 과학의 양립 가능성, 과학의 확실성과 불확실성에 대한 이야기는 아마 많은 과학자들이 무릎을 치며 "이게 바로 내가 하고 싶었던 거야"라고 동의할 것 같다. 과학이론의 아름다움에 대한 이야기는 그 자체로 아름답다. 종교와 과학에 대한 제법 긴 논의도 흥미롭다. 리처드 도킨스가 "리사 랜들이 우리 편이라는 사실에 내가 얼마나 감사하는지 모른다"라고 했다니 내용은 짐작이 갈 거다.

기 말이 필요 없다. 이 시대 최고 수준의 과학자가 가진 사색의 깊이를 엿볼 수 있는 기회다.

지식에서 태도로

불투명한 세계에서

이론물리학자로 산다는 것

과학이란 무엇일까? 철학은 과학일까? 과학은 종교의 일종일까? 과학자가 아닌 사람이 과학을 알아야 하는 이유는 무엇일까? 이 질문들에 답하기에 앞서 과학자로 살아가면서 접한 장면들을 소개하기로 한다.

　장면1.

　컴퓨터의 핵심 부품은 트랜지스터다. 트랜지스터가 작아질수록 컴퓨터의 성능은 좋아진다. 궁극의 트랜지스터는 물질의 최소 단위인 원자 몇 개로 된 분자 트랜지스터다. 2000년 벨연구소의 얀 헨드릭 쇤은 분자 트랜지스터를 구현하여 《사이언스》에 논문을 게재한다. 쇤은 이후 2년여 동안 《사이언스》, 《네이처》에만 15편의 ▒▒▒▒▒ ▒▒▒▒, ▒▒▒ ▒▒▒▒▒ ▒▒▒ ▒▒▒▒, ▒▒▒ ▒▒ 노벨상 수상도 문제없어 보였다. 쇤은 1970년생으로 당시에 20대 후반의 젊은 과학자였다.

하지만 그의 실험이 재현되지 않자 동료 물리학자들의 의심이 시작된다. 버클리대학의 리디아 손 교수는 쇤의 논문에 있는 데이터의 노이즈 부분이 모두 똑같다는 것을 발견한다. 세계일주하며 찍었다는 모든 사진의 배경에 항상 똑같은 건물이 등장하는 거랑 비슷하다. 결국 조사 위원회가 구성되고 쇤의 논문은 조작임이 밝혀진다. 쇤은 실험실 노트를 보관하고 있지 않았으며, 데이터 원본 파일도 지워진 상태였다. 쇤에 따르면 하드 디스크 공간이 모자라 파일들을 지웠다고 한다. 또한 그의 실험 샘플은 모두 훼손되거나 버려진 뒤였다. 쇤의 조작 사건이 과학계에 준 충격은 컸다. 이후 주요 저널 및 학회들은 연구윤리 규정을 강화하게 된다. 그럼에도 2005년 한국에서는 황우석 사건이 터졌고, 2014년 일본에서는 오보카타 하루코의 만능세포 조작 사건이 일어났다.

이런 사건들은 과학계의 어두운 모습이지만, 또 한편으론 과학이 가진 자정 능력을 보여준다. 두 사건 모두 동료 과학자들의 의심과 검증으로 잘못이 밝혀졌기 때문이다. 조작이든 실수든 과학자들도 잘못을 한다. 중요한 것은 잘못 그 자체가 아니라, 결국 잘못이 밝혀지고 고쳐지는 과정이다. 그러기 위해선 과학자들이 항상 의심하며 깨어 있어야 하고, 잘못을 보면 바로 행동으로 나서야 한다. 이럴 때 과학은 제대로 작동한다.

장면2.

1957년 독일의 그뤼넨탈 사는 '탈리도마이드'라는 화합물로 만든 수면제를 시판했다. 인체에 무해하다고 해서 의사의 처방 없이 구입할 수 있는 약이었다. 특히, 임산부들의 입덧 완화에 효과가 있었다. 하지만 이 약을 복용한 산모가 기형아를 출생하는 부작용이 나타나기 시작한다. 처음에는 진위 여부에 대한 논란이 있었으나 결국 5년여 만에 판매가 금지되었다. 약의 부작용으로 2,000명에 가까운 기형아가 태어났으나, 회사는 2012년에야 최초로 공식사과를 한다.

한국에서는 유사하지만 한편으로는 어처구니없는 사건이 발생했다. 인체에 유해한 약품을 가습기 살균용으로 넣어 시판했던 것이다. 가습기를 청소하는 데 쓰는 것이 아니라 사람이 호흡하는 물에 직접 타서 사용하는 거였으니, 이런 제품이 판매허가를 받았다는 사실이 놀라울 수밖에 없다. 가습기 살균제는 1994년 시판된 이래, 20년 동안 수백 명의 목숨을 앗아갔다. 피해자도 수천 명에 달한다. 더구나 많은 사망자들이 산모와 영유아였다. 이 제품을 한 번이라도 사용한 사람이 수백만 명으로 추산되기 때문에 피해 정두를 지화시 ****찌는 짓신 블끼', 하나.

사건의 개요는 간단하다. 인체에 유해한 화학물질을 가습기에 넣어 분무하는 바람에 폐에 심각한 손상이 생겨 사람들이 죽은 것이다. 관련 청문회가 있었다. 여기서 우리는 진저리나게 익숙한 모습을 본다. 제조사인 옥시레킷벤키저 측 인사들은 대부분 불참했다. 참석한 사람들도 대개 발뺌하거나 모르쇠로 일관했다. 역학조사로 원인이 규명된 것은 2011년이었지만 관련자들이 유죄 판결을 받기까지 6년 가까운 시간이 필요했다.

탈리도마이드의 경우 동물실험에서는 부작용이 없었음에도 인간에게서 부작용이 나타났다. 가습기 살균제의 경우 2012년 동물실험에서 부작용이 확인되었음에도 옥시는 그 결과를 은폐했다.

옥시의 과학자들은 제품의 유해성을 알았을 가능성이 높다. 이것은 과학자의 사회적 책임 문제를 제기한다. 옥시의 과학자들이 제품 생산을 막았다면 좋았겠지만, 그런 일은 일어나지 않았다. 과학자가 자신이 하는 일의 사회적 결과에 대해 과학적 의심을 하지 않을 때, 그 과학은 재앙이 될 수 있다.

과학자들은 자신의 실험결과를 놓고도 의심해야 한다. 결과가 놀라울수록 더욱 그렇다. 실험실에 갓 들어온 대학원생들은 날마다 노벨상 받을 만한 결과를 발견한다. 호들갑 떠는 신참의 말에 선배는 심드렁하게 이것저것 확인할 리스트를 말해주기 마련이다.

그의 노벨상은 곧 물거품이 된다. 근대철학을 연 것도 "모든 것을 의심하라"라는 데카르트에서 시작되었다. 충분한 의심을 통과한 과학이론에만 법칙이라는 신뢰가 주어진다.

우리가 법과 제도를 만들고 조약을 맺고 계약을 하는 것은 상대를 믿지 못해서만은 아니다. 마치 과학자가 실험결과를 확인하고 다듬어가듯 신뢰를 높이기 위함이다. 합리적인 사회는 믿어달라는 말이 아니라 그것을 뒷받침할 물질적 증거를 보여주는 것에서 시작된다. 가습기 살균제 사건에서 보듯이 우리의 의심은 우리의 생명을 지킬 만큼 충분치 못했다.

탈리도마이드 스캔들 때, 다른 국가들과는 달리 미국에서는 거의 문제가 없었다. 당시 FDA의 심사위원이었던 프랜시스 캘시가 안정성을 입증할 자료가 불충분하다며 허가를 거부했기 때문이다. 그녀가 제약회사로부터 엄청난 압력을 받았음은 물론이다. 우리 사회에서 누군가 이런 행동을 했다면 주위로부터 "우리 좋게 좋게 가자"라는 말을 듣지 않았을까? 합리적 의심을 하는 사람이 비난받는 사회는 그 대가를 치르기 마련이다. 우리 사회에 과학적 합리성이 필요한 이유다.

지구는 타원궤도를 따라 태양 주위를 돈다. 누구라도 망원경으로 면밀히 관측하고 분석하면 (쉽지는 않지만) 동일한 결론에 도달같이 뉴턴이 살던 시대에도 그랬지만, 지금도 그렇다. 며칠 후에 다른 이가 해봐도 같은 결론이 나온다. 타원궤도를 내놓는 이론은 옳고, 그렇지 못한 이론은 틀리다. 이처럼 과학은 이론의 옳고 그름을 물질적 증거에만 의존하여 결정해야 한다. 과학에서는 증거가 부족하면 "모른다"라고 해야 한다.

과학은 무지를 기꺼이 인정한다. 우주는 빅뱅으로 시작되었지만, 그 이전에 무엇이 있었는지 모른다. 지구상의 생명체는 최초의 생명체로부터 진화했지만, 최초의 생명체가 무엇인지 모른다. 지구 이외의 장소에 생명체가 존재하는지 모른다.

이런 태도는 안다는 것에 대해서도 분명한 기준을 제시한다. 안다는 것은 단지 그것을 뒷받침할 물질적 증거가 있다는 말이다. 우주가 빅뱅으로 시작되었다고 말하지만, 누구도 빅뱅이 일어나는 것을 본 적 없다. 이것은 138억 년 전에 일어난 일이기 때문이다. 그렇다면 빅뱅이 있었다는 것은 어떻게 아는가? 우리는 단지 우주가 팽창해왔다는 물질적 증거를 가지고 있다. 팽창하는 우주의 시간을 거꾸로 돌려보면 결국 우주가 한 점에 모이게 될 거다. 이게 전부다. 우주의 팽창 자체도 매우 기술적인 증거들에 바탕을 두고 있다. 만약 이런 증거들 가운데 일부가 오류라고 밝혀지면 빅뱅의 존재 자체가 의심받게 된다.

필자가 과학자로 훈련을 받는 동안, 뼈에 사무치게 배운 것은 모르는 것을 모른다고 인정하는 태도였다. 모를 때 아는 체하는 것은 금기 중의 금기다. 또한 내가 안다고 할 때, 그것이 정확히 무엇을 의미하는지 물질적 증거를 들어가며 설명할 수 있어야 했다. 우리는 이것을 과학적 태도라고 부른다. 이런 의미에서 과학은 지식의 집합체가 아니라 세상을 대하는 태도이자 사고방식이다.

과학은 물질적 증거에 입각하여 결론을 내리는 태도다. 증거가 없으면 결론을 보류하고 모른다고 해야 한다. 증거 없이 논리로만 이루어진 이론이나 주장은 과학적이지 못하다. 증거가 없는 것까지 모두 이론에서 설명하려고 하거나, 모르는 것을 알고 있다고 주장하는 것은 과학적이지 못하다. 종교나 철학은 자신의 이론으로 때론 지나치게 많은 것을 모순 없이 설명할 수 있다고 주장했으나, 과학자가 보기에 그냥 모른다고 했으면 좋을 부분도 많다는 생각이 든다. 이처럼 과학은 무지를 인정하는 태도이기도 하다. 무지를 인정한다는 것은 아는 것이 무엇인지 정확히 말할 수 있다는 뜻이기도 하다.

과학은 불확실성을 안고 가는 태도다. 충분한 물질적 증거가 없을 때, 불확실한 전망을 하며 나아가는 수밖에 없다. 과학의 진정한 힘은 결과의 정확한 예측에서 오는 것이 아니라 결과의 불확실성을 인정할 수 있는 데에서 온다. 결국, 과학이란 논리라기보다 경험이며, 이론이라기보다 실험이며, 확신하기보다 의심하는 것이

머 권위적이기보다 민주적인 것이며. 과학에 대한 관심이 우리 사
회를 보다 합리적이고 민주적으로 만드는 기초가 되길 기원한다.
과학은 지식이 아니라 태도니까.

김상욱

물리학자.
"조용히 따라가다 보면, 엄청난 우주의 신비를 알게 됩니다."

1970년 서울에서 태어났습니다. 고등학생 때 양자물리학사가 뇌리로 미음먹은 후, 카이스트 물리학과를 졸업하고 같은 대학원에서 '상대론적 혼돈 및 혼돈계의 양자 국소화에 관한 연구'로 박사학위를 받았습니다. 이후 포스텍, 카이스트, 독일 막스-플랑크 복잡계 연구소 연구원, 서울대학교 BK조교수, 부산대학교 물리교육과 교수를 거쳐, 2018년부터 경희대학교 물리학과 교수로 재직 중입니다. 고전역학과 양자역학의 경계에서 일어나는 물리에 관심이 많습니다.

다른 사람들과 앎을 공유하는 것을 행복하게 생각합니다. 과학을 널리 알릴수록 사회에 과학적 사고방식이 자리 잡을 것이고, 그러면 이 세상이 좀 더 행복한 곳이 될 거라 믿고 있습니다. 물론 과학을 이야기하는 그 자체가 좋아서 하는 일이기도 합니다. 지은 책으로 『김상욱의 과학공부』, 『김상욱의 양자 공부』 등이 있습니다.

떨림과 울림
물리학자 김상욱이 바라본 우주와 세계 그리고 우리

초판 1쇄 펴낸날	2018년 11월 7일
초판 44쇄 펴낸날	2024년 11월 19일
지은이	김상욱
펴낸이	한성봉
편집	최창문·이종석·오시경·권지연·이동현·김선형
콘텐츠제작	안상준
디자인	최세정
마케팅	박신용·오주형·박민지·이예지
경영지원	국지연·송인경
펴낸곳	도서출판 동아시아
등록	1998년 3월 5일 제1998-000243호
주소	서울시 중구 필동로8길 73 [예장동 1-42] 동아시아빌딩
페이스북	www.facebook.com/dongasiabooks
전자우편	dongasiabook@naver.com
블로그	blog.naver.com/dongasiabook
인스타그램	www.instagram.com/dongasiabook
전화	02) 757-9724, 5
팩스	02) 757-9726

ISBN 978-89-6262-250-8 03400

이 도서의 국립중앙도서관 출판예정도서목록(CIP)은
서지정보유통지원시스템 홈페이지(http://seoji.nl.go.kr)와
국가자료공동목록시스템(http://www.nl.go.kr/kolisnet)에서
이용하실 수 있습니다.(CIP제어번호: CIP2018033609)

※ 잘못된 책은 구입하신 서점에서 바꿔드립니다.

만든 사람들

책임편집	조유나
크로스교열	안상준
디자인	김현중